系统架构设计及 O2O 最佳实践

王强　编著

黑龙江科学技术出版社
HEILONGJIANG SCIENCE AND TECHNOLOGY PRESS

图书在版编目（C I P）数据

系统架构设计及 O2O 最佳实践 / 王强编著 . -- 哈尔滨 : 黑龙江科学技术出版社 , 2023.7
ISBN 978-7-5719-2070-8

Ⅰ . ①系… Ⅱ . ①王… Ⅲ . ①计算机系统 Ⅳ . ① TP303

中国国家版本馆 CIP 数据核字 (2023) 第 127314 号

系统架构设计及 O2O 最佳实践
XITONG JIAGOU SHEJI JI O2O ZUIJIA SHIJIAN

王 强 编著

责任编辑 赵 萍
封面设计 单 迪
出 版 黑龙江科学技术出版社
地址：哈尔滨市南岗区公安街 70-2 号 邮编：150007
电话：（0451）53642106 传真：（0451）53642143
网址：www.lkcbs.cn
发 行 全国新华书店
印 刷 哈尔滨午阳印刷有限公司
开 本 787 mm×1092 mm 1/16
印 张 9.25
字 数 110 千字
版 次 2023 年 7 月第 1 版
印 次 2023 年 7 月第 1 次印刷
书 号 ISBN 978-7-5719-2070-8
定 价 48.00 元

前　言

架构是系统的DNA，也是形成竞争优势的基础所在。本书主要阐述了软件开发普通程序员如何向系统架构师进行转型的一些思路、方法和工程实践。编者对系统架构技术方案的规划、设计、测试和选型，以及各子系统的协调进行了阐述，总结了单库架构、分组架构、分片架构和分组分片架构，以及每种架构的使用场景、存在的问题和对应的解决方案。而且对当下热门的分布式系统和大数据平台的架构方法进行了详细讲解，通过大量案例提供了可直接复用的经验，便于为从事相关工作的同学带来启发和帮助。

目 录

第一章　系统架构设计

一、系统架构设计是什么

系统构架设计是指对整体系统的架构设计，包括系统架构技术方案的规划、设计、测试和选型，以及各子系统的协调。

1. 确认需求

在项目开发过程中，架构师是在需求规格说明书完成后介入的，需求规格说明书必须得到架构师的认可。架构师需要和分析人员反复交流，以保证自己完整并准确地理解用户的需求。

2. 系统分解

依据用户的需求，架构师将系统整体分解为更小的子系统和组件，从而形成不同的逻辑层或服务。随后，架构师会确定各层的接口、层与层之间的关系。架构师不仅要对整个系统分层，进行“纵向”分解，还要对同一逻辑层分块，进行“横向”分解。

软件架构师的功力基本体现于此，这是一项相对复杂的工作。

3. 技术选型

架构师通过对系统的一系列分解，最终形成了软件的整体架构。技术选型主要取决于软件架构。

Web Server 是运行在 Windows 上还是在 Linux 上？数据库采用 msSQL、Oracle 还是 MySQL？需不需要采用 MVC 或者 Spring 等轻量级的框架？前端采用富客户端还是瘦客户端方式？类似的工作，都需要在这个阶段提出，并进行评估。

架构师对产品和技术的选型仅仅限于评估，没有决定权，最终的决定权归项目经理。架构师提出的技术方案为项目经理提供了重要的参考信息，项目经理会从项目预算、人力资源、时间进度等实际情况进行权衡，最终进行确认。

4. 制定技术规格说明

在项目开发过程中，架构师是技术权威。他需要协调所有的开发人员，与开发人员一直保持沟通，始终保证开发者依照他的架构意图去实现各项功能。

架构师不仅要保持与开发者的沟通，也需要与项目经理、需求分析员，甚至与最终用户保持沟通。所以，对于架构师来讲，不仅有技术方面的要求，还有人际交流方面的要求。

二、系统容量评估的步骤与方法

（一）评估总访问量

如何知道总访问量？对于一个运营活动的访问量评估，或者一个系统上线后页面浏览量（PV）的评估，有什么好的方法？

答案：询问业务方，询问运营人员，询问产品人员，看对运营活动或者产品上线后的预期是什么。

举例：如果要做一个APP消息推送（APP-push）的运营活动，计划在30分钟内完成5 000万用户的消息推送，预计推送消息点击率10%，求推送落地页系统的总访问量。

回答：5 000（万）× 10% = 500（万）。

（二）评估平均访问量QPS

如何知道平均访问量QPS？

答案：总量/时间。如果按照天评估，一天按照4万秒计算。

举例1：推送落地页系统30分钟的总访问量是500万，求平均访问量QPS。

回答：500（万）/（30 × 60）= 2 778，大概为3 000 QPS。

举例2：主站首页估计日均PV为8 000万，求平均访问QPS。

回答：一天按照 4 万秒算，8 000（万）/4（万）=2 000，大概 2 000 QPS。

提问：为什么一天按照 4 万秒计算？

回答：一天共 24 小时 ×60 分钟 ×60 秒 ≈8 万秒，一般假设所有请求都发生在白天，所以一般来说一天只按照 4 万秒评估。

（三）评估高峰 QPS

在系统容量规划时，不能只考虑平均 QPS，而是要抗住高峰的 QPS，如何知道高峰 QPS 呢？

答案：根据业务特性，通过业务访问曲线评估。

高峰 QPS 即最高访问量，或者可以根据平均 QPS 来计算高峰 QPS。

（四）评估系统、单机极限 QPS

如何评估一个业务或一个服务单机的极限 QPS 呢？

答案：压力测试。

在一个服务上线前，一般来说是需要进行压力测试的（很多创业型公司，业务迭代很快的系统可能没有这一步，那以后运行时可能会出现问题），以 APP-push 运营活动落地页为例（日均 QPS 为 2 000，峰值 QPS 为 5 000），这个系统的架构可能是这样的：

1% 请求落到数据库（DB），99% 请求落到缓存（cache）。

（1）访问端是 APP。

（2）运营活动超文本 5.0（Hype Text Markup Language 5, H5）落地页是一个 web 站点。

（3）H5 落地页由缓存、数据库中的数据拼装而成。

通过压力测试发现，web 层是瓶颈，汤姆猫（tomcat）压测单机只能抗住 1 200 QPS（一般来说，1% 的流量到数据库，数据库对于 500 QPS 还是能轻松抗住的，缓存对于 QPS 能抗住多少，需要评估缓存的带宽，假设不是瓶颈），我们就得到了 web 单机极限的 QPS 是 1 200。一般来说，线上系统是不会跑到极限的，打个八折，单机线上允许跑到 1 000 QPS。

（五）根据线上冗余度回答两个问题

上文已经得到了峰值是 5 000 QPS，单机是 1 000 QPS，假设线上部署了 2 台服务，就能自信地回答技术负责人提出的问题了：

（1）机器能抗住吗？回答：峰值 5 000 QPS，单机 1 000 QPS，线上 2 台，扛不住。

（2）如果扛不住，需要加多少台机器？回答：需要额外增加 3 台，提前预留 1 台更好，给 4 台更稳。

除了并发量的容量预估，数据量、带宽、中央处理器 / 内存 / 存储设备（CPU/MEM/DISK）等评估亦可遵循类似的步骤。

三、数据分片的原则和经验

本部分提供了一些数据分片的原则和经验，遵循这些提示，有助于确保数据正确地分片，而不是阻碍应用程序的可扩展性。

新的软件运营服务（SaaS）初创公司很少考虑如何扩展应用程序。当然，他们会设想有一天他们会需要扩张，并将其纳入计划，但他们很少在早期就为可扩展性设计应用程序。相反，他们更经常关注能够帮助他们完成销售的功能。

但是，考虑扩展的时间应该在最开始的时候——在第一个客户注册服务之前。随着公司推出一个又一个的功能，并且客户不断注册，业务就会增长。随着业务的增长，扩展最终成为一个关注点。

当一个新的软件运营服务遇到资源容量限制时，特别是数据访问资源容量限制，扩展的需要往往变得很明显。通常情况下，不管是什么技术，数据库都显得太小了，无法满足不断增长的需求，而且无法扩展到一定程度。

无论使用什么数据库技术，也无论投入多大的服务器或其他基础设施来给自己留出发展空间，这个问题都会发生。迟早有一天，会遇到扩展问题。

一旦扩展资源需求变得非常紧迫，并且需要认真做出扩展决定，那么进行数据分片：将你的数据划分到多个并行数据库中，每个数据库持有业务的一部分，将会是被引入的早期解决方案之一，以扩大应用程序的扩展能力。把数据分成多个部分，似乎是解决数据资源问题的一个简单方案。如果一个数据库太小，无法处理流量，让我们试试两个，或三个，或四个！这就是分片。一旦将应用数据分片，继续使用同样的方法进行扩展似乎非常简单。随着流量增长，只需向应用添加更多的并行数据库。 让我们仔细看看数据分片，以及如何用它来解决早期的数据库扩展问题。

（一）分片例子

究竟什么是数据分片？一个典型的软件运营服务用例涉及客户与一些应用程序的对话，然后利用存储在数据库中的数据。

随着客户数量的增加，应用程序的负载也在增加。通常，通过添加更多的服务器来处理负载，增加应用程序的容量是相对容易的。

然而，一旦达到一定数量的客户，扩展瓶颈突然变成了数据库。数据库不能有效地处理更多的客户，而应用程序最终会出现可用性问题、性能问题和其他问题（见图 1-1）。

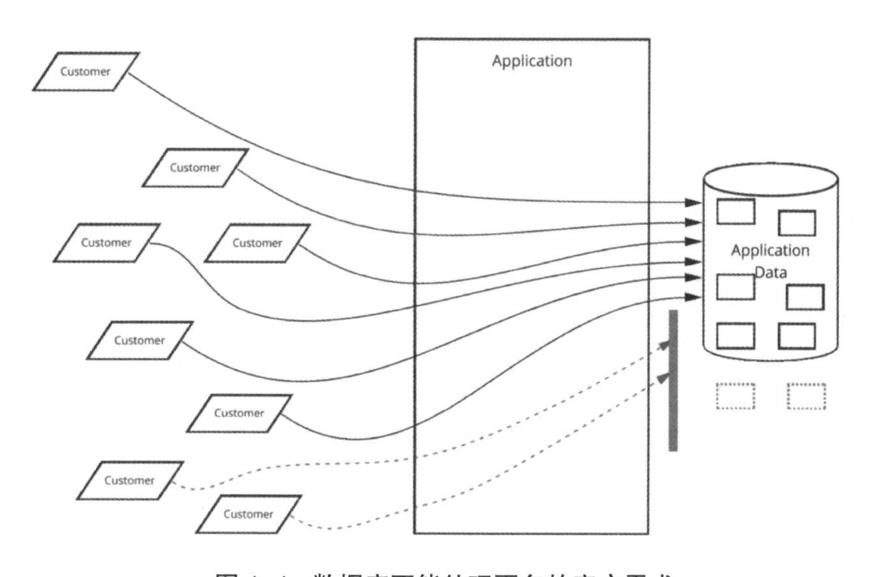

图 1–1 数据库不能处理更多的客户需求

一旦数据库达到了一定的规模和容量，就很难使它再增长。相反，可能会选择将数据库分成多个平行的数据库，并在不同的数据库之间划分客户群（见图 1-2）。

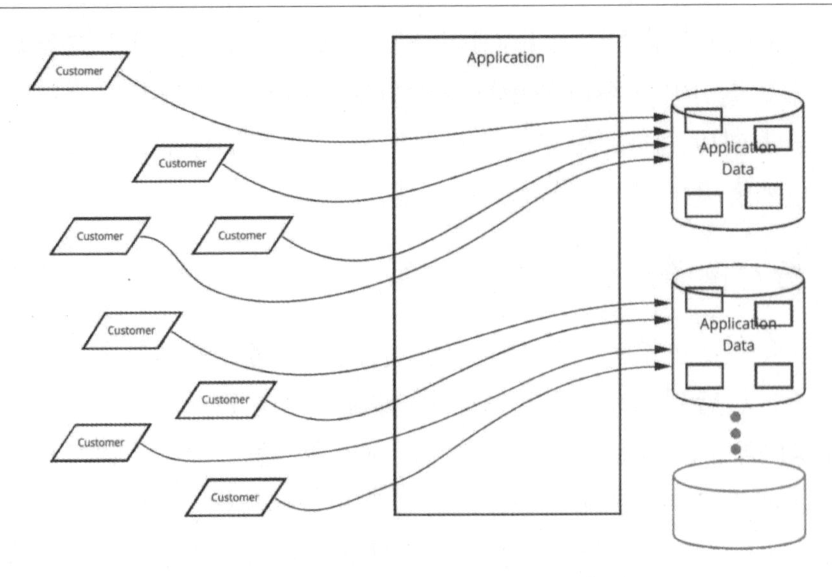

图 1-2　利用不同数据库处理客户群

在图 1-2 中，把客户分成两个独立的数据库，可以毫无压力地处理额外的客户数据。

每个数据库都包含支持特定客户所需的所有数据，但单个客户被分割在不同的数据库中。

如何在多个数据库中分割数据，并在应用程序中知道哪个数据库有哪个客户的数据？通常情况下，分片键被用来确定哪个数据库包含一组特定的数据。

这个分片键是诸如客户 id 这样的东西。通过将一些客户 id 分配到一个数据库，将其他客户 id 分配到另一个数据库，可以将一个特定客户的所有数据放到一个数据库中。这样，对于每个客户来说，一个单一的数据库将被用于所有的客户请求，而且新的客户可以在任何合理的规模下被添加到新的数据库。

（二）分片容易出错的地方

那么，这种方法有什么问题呢？当客户数量开始增长时，问题就开始出现了。随着客户开始更多地使用应用程序，客户数据将占用更多的存储和消耗更多的资源。一个分片的容量超载了，就需要把一些客户数据从一个分片转移到另一个（负载较少的）分片。必须把所有这些客户的数据，复制到一个新的分片区，然后把他们的客户 id 指向新的分片区。

这不是一个微不足道的操作。如果想在不给客户造成任何明显的停机影响的情况下完成它，那就不简单了。如何为一个特定的客户移动大量的数据而不影响客户在移动过程中访问应用程序的能力？这通常涉及编写自定义工具。这种工具的编写通常是不容易的，执行起来也有风险。图 1-3 说明了这个过程，当一个“大客户”使一个数据库过载时，必须把客户数据转移到另一个较新的数据库。

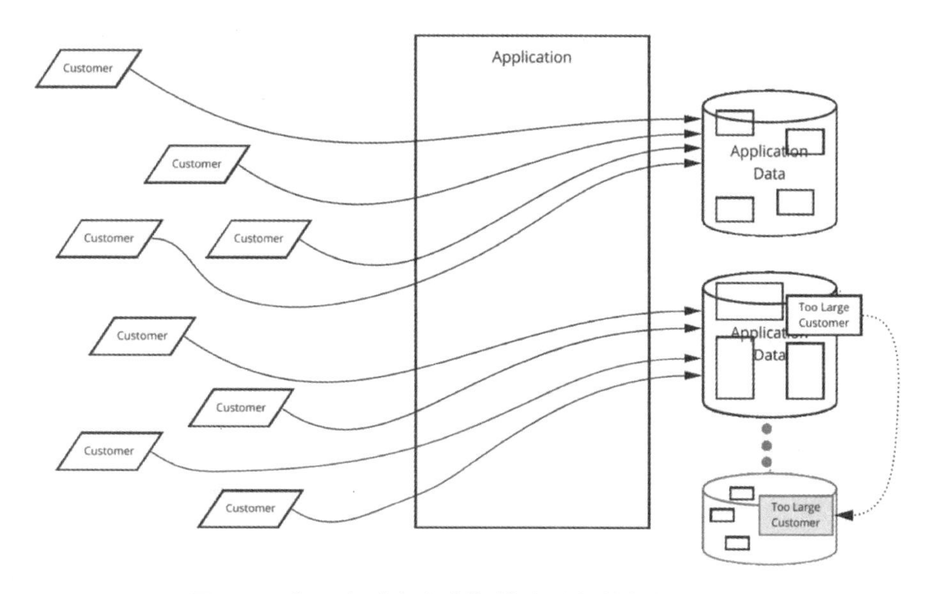

图 1–3　将一个“大客户”转移到新的数据库

下一个发生的问题是，当一个客户变得如此之大，以至于它自己需要整个数据库分片时，这个客户再增长得更大一些，会发生什么情况？

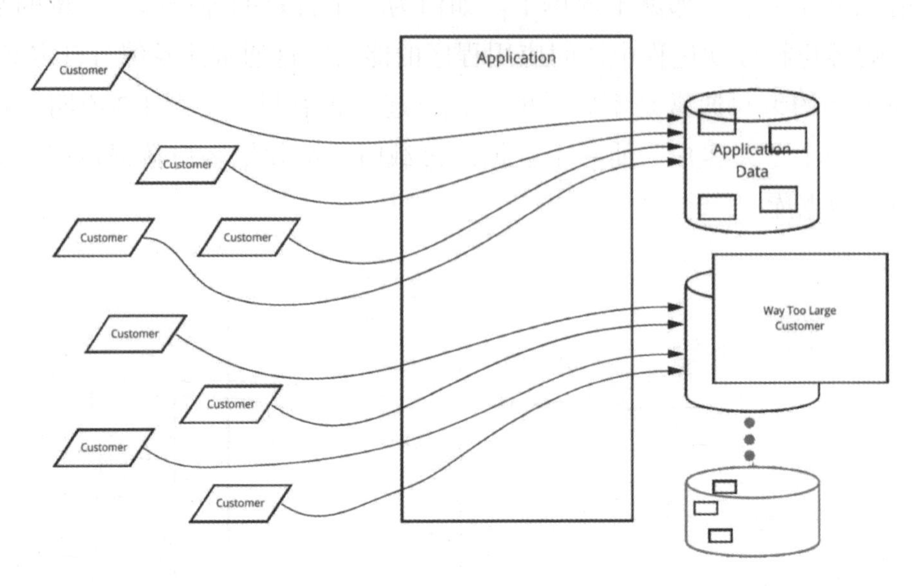

图 1-4　一个数据库分片无法满足单一“大客户”的需求

突然间，没有地方可以移动这个客户了，已经达到了另一个扩展瓶颈——目前的分片策略根本无法处理的瓶颈。

重新分区、重新平衡、倾斜的使用、跨分片报告和分区分析是更多必须处理的问题。然而，需要处理快速变化的数据集大小，以及需要在分片之间移动数据，是高质量分片机制的最大挑战。

（三）分片还是不分片？

如果不是必须分片，就不要分片！可以利用其他策略，比如分库分表，即按照服务和功能划分数据，而不是将其切成分片来处理数据的扩展。

然而，有时分片是不可避免的。所以，如果必须分片，请记住以下几点：

1. 在需要之前就设置好分片

未雨绸缪，根据乐观的规模预测对分片的需求，并在实际使用需要之前很早就进行分片。

2. 仔细选择分片键

要求分片是独立的，但也是很平衡的。使用客户 id 或者利用 id 基因，似乎是个好主意——它允许轻松地创建独立的数据集——但客户的规模差异很大，基于客户 id 的分片平衡可能很麻烦。基于另一种公共资源的分片是可能的，但是具体的答案在很大程度上取决于应用程序的业务逻辑和需求。

3. 建立工具来管理分片

需要这些工具的时间要比预期的早得多。这些工具应该能够快速、有效地将单个分片的元素（客户等）从一个分片透明地转移到另一个分片。这些工具必须能够在扩展事件中快速地重新平衡多个资源，而且需要分析，以便在分片规模出现偏差时发出警报。

认真研究用其他方法来划分数据。考虑将数据存储在各个服务和微服务中，而不是集中地存储数据。数据集越小，对分片的需求就越小，在需要时管理分片就越简单和高效。

大多数现代应用都会经历增长 —— 使用量的增长、数据规模和复杂性的增长、应用复杂性的增长，以及管理应用所需的人员数量和组织规模的增长。人们很容易忽视这些增长带来的挑战，直到为时已晚，然后使用快速和简单的方案来解决眼前的需要。但是，当涉及数据分片时，规划和彻底的执行对于确保这种架构选型是一种扩展的帮助，而不是一种扩展的责任，这至关重要。

四、如何保证 MySQL 和 Redis 数据一致性

在高并发的业务场景下，数据库是用户并发访问压力最大的环节。通常，我们会在数据库前使用 Redis 作为缓存，让请求先访问 Redis，而不是直接访问 MySQL 等数据库。这样可以大大缓解数据库的压力。Redis 缓存数据的加载可以分为懒加载和主动加载两种模式。

（一）懒加载

什么是懒加载？就是当业务读取数据的时候，再从存储层加载到缓存，而不是数据更新后主动刷新。

读取缓存步骤一般没有什么问题，但是一旦涉及数据更新——数据库和缓存更新，就容易出现缓存和数据库之间的数据一致性问题。不管是先写数据

库再删除缓存，还是先删除缓存再写库，都有可能出现数据不一致的情况。

举个例子：

（1）如果删除了Redis缓存，还没有来得及写入MySQL，另一个线程就来读取，发现缓存为空，则去数据库中读取数据写入缓存，此时缓存为脏数据。

（2）如果先写库，在删除缓存前，写库的线程宕机了，没有删除掉缓存，则也会出现数据不一致的情况。

因为写和读是并发的，没法保证顺序，就会出现缓存和数据库的数据不一致的问题。所以结合前面例子的两种删除情况，我们就考虑前后"双删＋懒加载"模式。

（二）延迟双删

在写库前后都进行Redis del（key）操作，并且第二次删除通过延迟的方式进行。

方案一：延时删除

（1）先删除缓存。

（2）再写数据库。

（3）休眠500毫秒（根据具体的业务时间来定）。

（4）再次删除缓存。

那么，这个500毫秒是怎么确定的，具体该休眠多久呢？

需要评估自己项目的读取数据业务逻辑的耗时。这么做的目的是确保读请求结束后，写请求可以删除读请求造成的缓存脏数据。

当然，这种策略还要考虑Redis和数据库主从同步的耗时。最后的写数据的休眠时间则在读取数据业务逻辑的耗时的基础上，加上几百毫秒即可，如休眠1秒。

方案二：异步延迟删除

（1）先删除缓存。

（2）再写数据库。

（3）触发异步写入串行化消息队列（MQ）(也可以采用一种key+version的分布式锁)。

（4）my接受再次删除缓存。

异步删除对线上业务无影响，串行化处理保证并发情况下正确删除。

双删失败如何处理?

第一，设置缓存过期时间。

从理论上来说，给缓存设置过期时间，是保证最终一致性的解决方案。所有的写操作以数据库为准，只要达到缓存过期时间，则后面的读请求自然会从数据库中读取新值，然后回填缓存。

结合“双删策略 + 缓存超时”设置，这样最差的情况就是在超时时间内数据存在不一致。

第二，重试方案。

重试方案有两种实现方式，一种在业务层实现，另外一种实现中间件负责处理。

方案一：业务层实现重试

（1）更新数据库数据。

（2）缓存因为种种问题删除失败。

（3）将需要删除的键（key）发送至消息队列。

（4）自己消费消息，获得需要删除的键。

（5）继续重试删除操作，直到成功。

然而，该方案有一个缺点，对业务线代码造成大量的侵入。于是有了方案二，在方案二中，启动一个订阅程序去订阅数据库的二进制日志（binlog），获得需要操作的数据。在应用程序中，另启一段程序，获得这个订阅程序传来的信息，进行删除缓存操作。

方案二：中间件实现重试

（1）更新数据库数据。

（2）数据库会将操作信息写入二进制日志中。

（3）订阅程序提取出所需要的数据及键。

（4）另起一段非业务代码，获得该信息。

（5）尝试删除缓存操作，发现删除失败。

（6）将这些信息发送至消息队列。

（7）重新从消息队列中获得该数据，重试操作。

（三）主动加载

主动加载模式就是在数据库更新的时候，同步或异步进行缓存更新，常见的模式如图 1-5 所示。

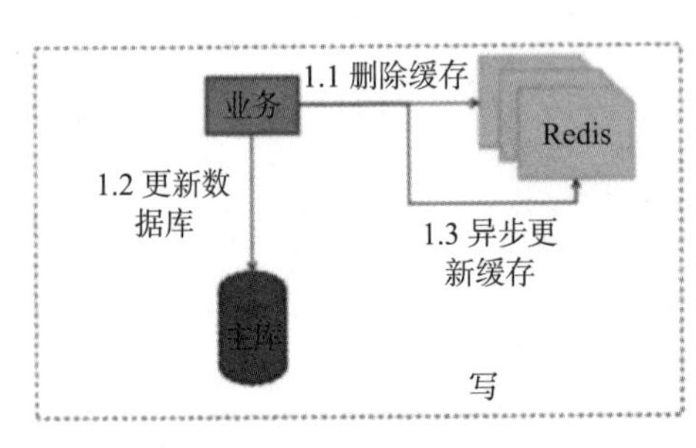

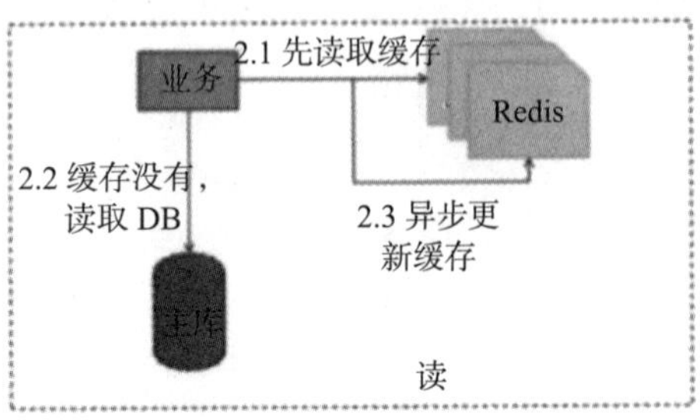

图 1–5　主动加载模式的读写流程

写操作：

第一步先删除缓存，删除后再更新数据库，之后再异步将数据刷回缓存。

读操作：

第一步先读缓存，如果缓存没读到，则取读数据库，之后再异步将数据刷回缓存。

这两种模式简单易用，但是有一个致命的缺点就是并发会出现脏数据。

试想一下，同时有多个服务器的多个线程进行，更新数据库完成后，他们就要进行异步刷缓存，我们都知道多服务器的异步操作是无法保证顺序的，所以后面的刷新操作存在相互覆盖的并发问题。也就是说，存在先更新的数据库操作，反而很晚才会刷新缓存，那这个时候，数据也是错的。

读写并发：再试想一下，服务器 A 在进行 < 读操作 >，在 A 服务器刚完成 2.2 时，服务器 B 再进行 < 写操作 >，假设 B 服务器 1.3 完成之后，服务器 A 的 2.3 才执行，这个时候就相当于将更新前的老数据写入缓存，最终数据还是错的。

对于这种脏数据的产生，归其原因还是在于这种模式的主动刷新缓存属于非幂等操作，那么要怎么解决这个问题呢？

（1）前面介绍的双删操作方案，因为删除每次操作都是无状态的，所以是幂等的。

（2）将刷新操作串行处理。

这里把基于串行处理的刷新操作方案介绍一下。

写操作：

第一步先删除缓存，删除之后再更新数据库，我们监听从库（资源少的话主库也可以监听），通过分析二进制日志解析出需要刷新的数据标识，然后将数据标识写入消息队列，接下来就消费消息队列，解析消息队列中的消息来读库获取响应的数据刷新缓存。

关于消息队列串行化，大家可以了解下 Kafka 分区机制。

读操作：

第一步先读缓存，如果缓存没读到，则读取数据库，之后再异步将数据标识写入消息队列（这里消息队列与 < 写操作 > 的消息队列是同一个），接下来就消费消息队列解析消息队列中的消息来读库获取响应的数据刷新缓存。

（四）总结

（1）在懒加载模式下，缓存可以采用“双删 +TTL 失效”来实现。

（2）双删失败情况下可采取重试机制，重试有业务通过消息队列重试及组件消费 MySQL 的二进制日志再写入消息队列重试两种方式。

（3）主动加载由于操作本身不具有幂等性，所以需要考虑加载的有序性问题，采取消息队列的分区机制实现串行化处理，实现缓存和 MySQL 数据的最终一致性，此时读操作和写操作的缓存加载事件执行的是同一个消息队列。

第二章　数据库架构设计

一、数据库架构分类

本章将介绍常见的四种数据库架构设计模型：单库架构、分组架构、分片架构和分组分片架构，以及每种架构的使用场景、存在的问题和对应的解决方案。

（一）单库架构

通常在业务初期，数据库无须特别的设计，单库单表就能满足业务需求，这也是最常见的数据库架构（见图 2-1）。

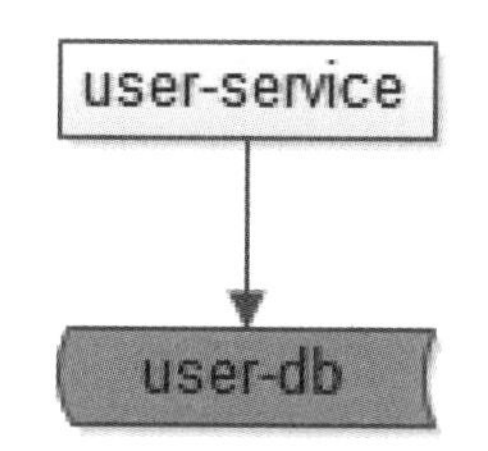

图 2-1　单库架构示意图

• user-service：用户中心服务，为调用者提供远程过程调用（RPC）接口或者 REST 风格接口。

• user-db：使用一个库进行数据存储，提供数据库读写服务。

（二）分组架构

1. 分组架构的概念

分组架构是最常见的一主多从、主从同步、读写分离的数据库架构（见图 2-2）。

• user-service：用户中心服务。

- user-db-M（master）：主库，提供数据写库服务。
- user-db-S（slave）：从库，提供数据读库服务。

主库和从库构成的数据库集群称为“组”。

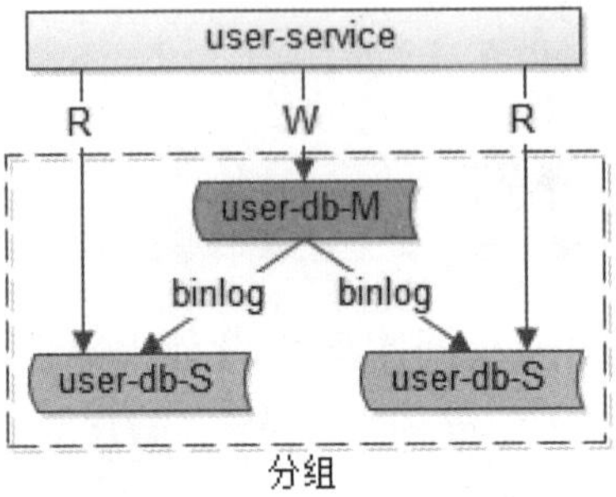

user-service
R
W
R
user-db-M
binlog
binlog
user-db-S
user-db-S
分组

图 2–2　分组架构示意图

2. 分组架构的特点

同一个组里的数据库集群有如下特点：

- 主从之间通过二进制日志进行数据同步。
- 多个范例数据库结构完全相同。
- 多个范例存储的数据完全相同，本质上是将数据进行复制。

3. 分组架构的作用

大部分互联网业务读多写少，数据库的读往往最先成为性能瓶颈。如果希望得获得如下优势，可以使用分组架构。

- 线性提升数据库读性能。
- 通过消除读写锁冲突，提升数据库写性能。
- 通过冗余从库，实现数据的“读高可用”。

但是，在分组架构中，数据库的主库依然是写单点。

总之，分组架构是为了解决“读写并发量高”的问题而实施的架构设计。

（三）分片架构

1. 分片架构的概念

分片架构是水平切分（sharding）数据库架构（见图 2-3）。

• user-service：用户中心服务。

• user-db1：水平切分成两份中的第一份。

• user-db2：水平切分成两份中的第二份。

分片后，多个数据库范例也会构成一个数据库集群。

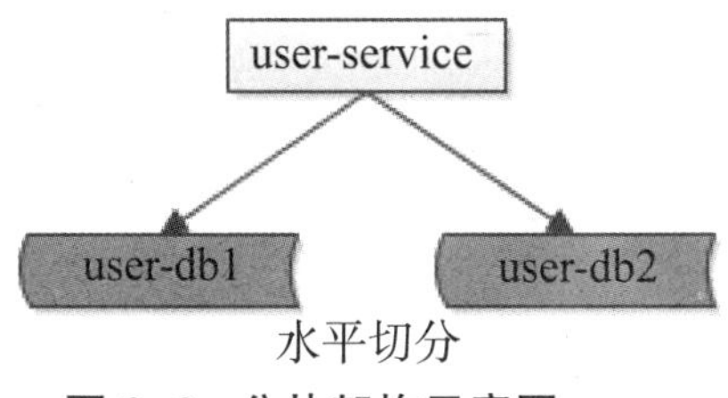

图 2-3　分片架构示意图

2. 水平切分，应该分库还是分表

强烈建议分库，而不是分表，原因如下：

• 分表依然共用一个数据库文件，仍然有磁盘 I/O（输入 / 输出）的竞争。

• 分库能够将数据迁移到不同数据库范例甚至数据库服务器，其扩展性更好。

3. 水平切分，用什么算法

常见的水平切分算法有“范围法”和“哈希法”：

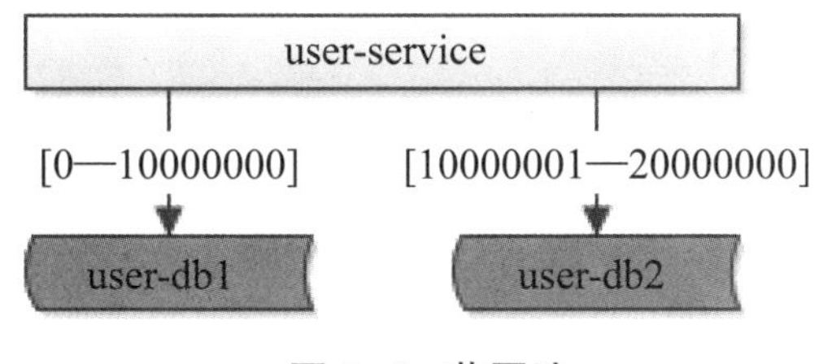

图 2-4　范围法

范围法：以用户中心的业务主键 uid 为划分依据，将数据水平切分到两个数据库范例上，如图 2-4 所示。

• user-db1：存储 0 到 10000000 的 uid 数据。

• user-db2：存储 10000001 到 20000000 的 uid 数据。

哈希法：以用户中心的业务主键 uid 为划分依据，将数据水平切分到两个数据库范例上，如图 2-5 所示。

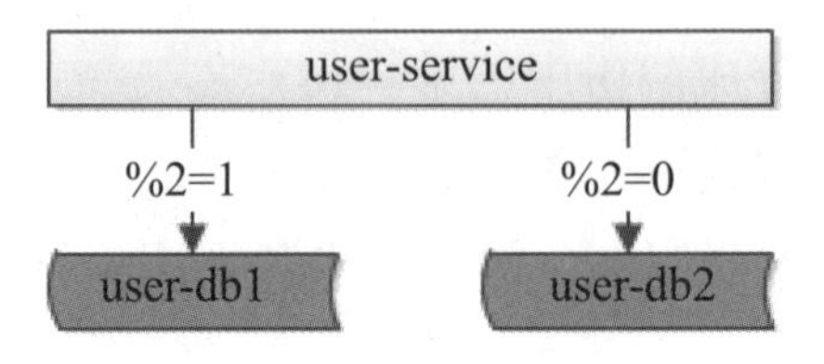

图 2-5 哈希法

• user-db1：存储 uid 取模为 1 的 uid 数据。

• user-db2：存储 uid 取模为 0 的 uid 数据。

这两种方法在互联网都有使用，其中哈希法使用较为广泛。

4. 分片架构的特点

同一个分片里的数据库集群有如下特点：

• 多个范例之间本身不直接产生联系，不像主从库间有二进制日志同步。

• 多个范例的数据库结构完全相同。

• 多个范例存储的数据之间没有交集，所有范例的数据并集构成全局数据。

5. 分片架构的作用

大部分互联网业务的数据量很大，单库容量容易成为瓶颈，此时通过分片可以获得如下优势：

• 线性提升数据库写性能。

• 线性提升数据库读性能。

• 降低单库数据容量。

总之，分片架构是为解决“数据量大”的问题而实施的架构设计。

（四）分组分片架构

如果业务读写并发量很高，数据量也很大，通常需要实施分组 + 分片的数据库架构，如图 2-6 所示。

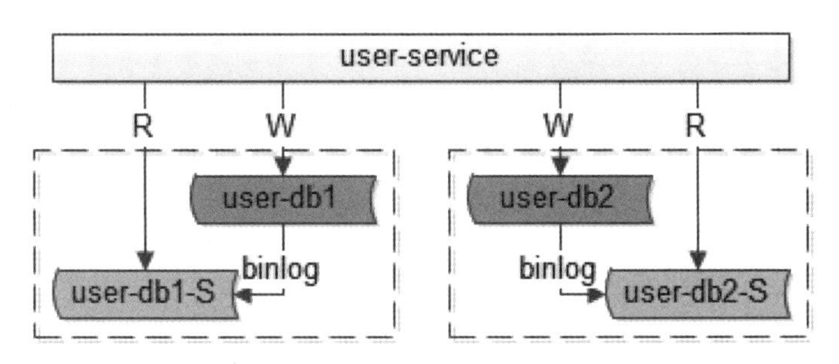

图 2–6　分组 + 分片示意图

- 通过分片来降低单库的数据量，线性提升数据库的写性能。
- 通过分组来线性提升数据库的读性能，保证读库的高可用。

（五）数据库垂直切分

除了水平切分，垂直切分也是一类常见的数据库架构设计，垂直切分一般和业务结合比较紧密（见图 2-7）。

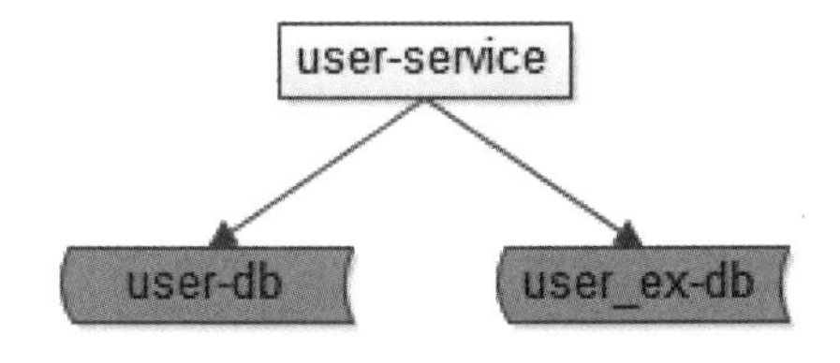

图 2–7　垂直切分示意图

以用户中心为例，可以这么进行垂直切分：

User(uid, uname, passwd, sex, age, …)

User_EX(uid, intro, sign, …)

- 垂直切分开的表，主键都是 uid。
- 登录名、密码、性别、年龄等属性放在一个垂直表（库）里。
- 自我介绍、个人签名等属性放在另一个垂直表（库）里。

1. 如何进行垂直切分

根据业务情况对数据进行垂直切分时，一般要考虑属性的“长度”和“访问频度”两个因素。

• 长度较短、访问频率较高的放在一起。

• 长度较长、访问频度较低的放在一起。

这是因为数据库会以行（row）为单位，将数据加载到内存。在内存容量有限的情况下，长度短且访问频度高的属性，内存可以加载更多的数据，命中率提高，磁盘I/O减少，数据库的读性能得到提升。

2. 垂直切分的特点

垂直切分和水平切分有相似的地方，又不太相同。

• 多个范例之间也不直接产生联系，即没有二进制日志同步。

• 多个范例数据库结构都不相同。

• 多个范例存储的数据之间至少有一列交集，一般来说是业务主键，所有范例间数据并集构成全局数据。

3. 垂直切分的作用

垂直切分可以降低单库的数据量，还可以降低磁盘I/O，从而提升吞吐量，但它与业务结合比较紧密，并不是所有业务都能够进行垂直切分的。

二、数据库架构设计

数据库架构设计是针对海量数据的数据库，通过数据结构、存储形式和部署方式等方面的规划和设计，以解决数据库服务的高并发、高可用、一致性、可扩展及性能优化等问题。

（一）可用性设计

可用性是指在某个考查时间，系统能够正常运行的概率或时间占有率的期望值。通常，我们都要求某个系统具备“高可用性”。

所谓“高可用性”（high availability）是指系统经过专门的设计，从而减少停工时间，保持其服务的高度可用。

对于数据库的高可用，通常采用的解决方式为复制 + 冗余。

1. 保证“读”高可用的方法

数据库主从复制，冗余数据，如图 2-8 所示。

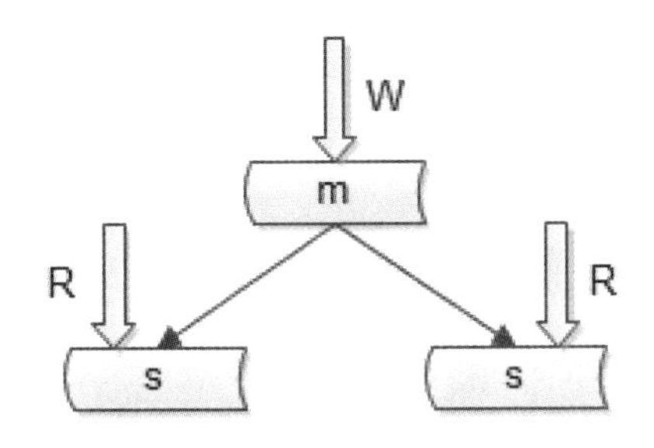

图 2-8　一主多从数据库架构

主库用于写数据，从库用于读数据。在一主多从的数据库架构中，多份从库数据保证了读数据的高可用性。

数据库主从复制可能带来的问题：主从数据不一致。

2. 保证“写”高可用的方法

双主模式，即复制主库，冗余数据，如图 2-9 所示。

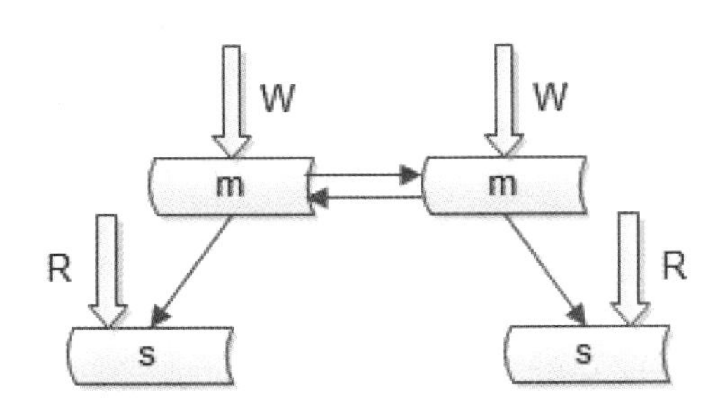

图 2-9　双主模式数据库架构

很多公司采用单主模式，这无法保证数据库写的高可用性。

数据库双主模式可能带来的问题：双主同步键冲突，引起数据不一致。

解决方案如下：

（1）方案一：由数据库或者业务层保证键在两个主库上不冲突。

（2）方案二：把“双主”当“主从”用，不做读写分离，当主库挂掉时，启用从库。

优点：读写都到主库，解决了一致性问题；“双主”当“主从”用，解决了可用性问题

带来的问题：读性能如何扩充？

（二）读性能设计：如何扩展读性能

1. 建立索引

建立太多的索引，会带来以下问题。

（1）降低了写性能。

（2）索引占用内存多了，内存存放的数据就会减少，数据命中率降低，I/O 次数随之增加。

对于索引过多的问题，有以下解决方案（见图 2-10）：

- 不同的库可以建立不同索引。
- 主库只提供写，不建立索引。

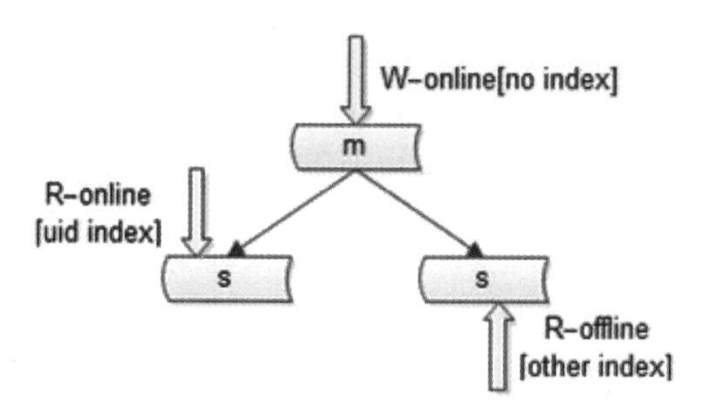

图 2-10 索引过多的解决方案

在线从库只提供在线读，建立在线读索引。

离线从库只提供离线读，建立离线读索引。

2. 增加从库

增加从库会引发主从不一致问题，从库越多，主从时延越长，不一致问题越严重。虽然这种方案很常见，但我们在生产环境中没有采用。

3. 增加缓存

传统缓存的使用方案如下（见图 2-11）：

（1）发生写请求时，先淘汰缓存，再写数据库。

（2）发生读请求时，先读缓存，命中（hit）则返回，未命中（miss）则读数据库，并将数据入缓存（此时可能旧数据入缓存）。

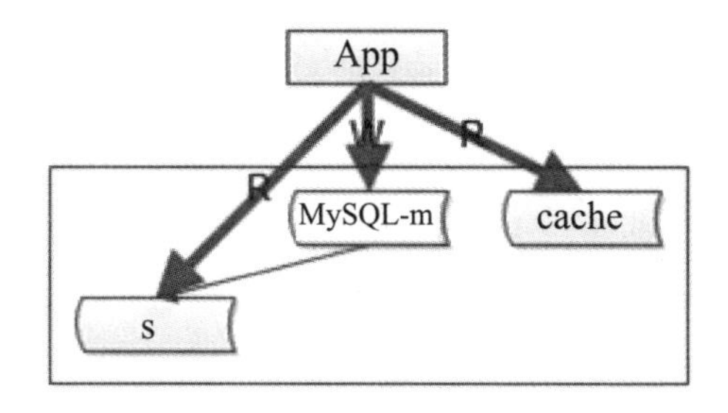

图 2-11 常见传统用法：缓存 + 数据

增加缓存会带来的两个问题：

（1）数据复制会引发一致性问题，由于主从延时的存在，可能引发缓存与数据库数据不一致。

（2）业务层要关注缓存，无法屏蔽“主 + 从 + 缓存”的复杂性。

缓存的使用方案：服务 + 数据 + 缓存。

这种方案带来的好处：

（1）引入服务层，屏蔽“数据库 + 缓存”。

（2）不做读写分离，读写都到主的模式不会引发不一致。

（三）一致性设计

1. 主从不一致的解决方案

（1）方案一：引入中间件，如图 2-12 所示。

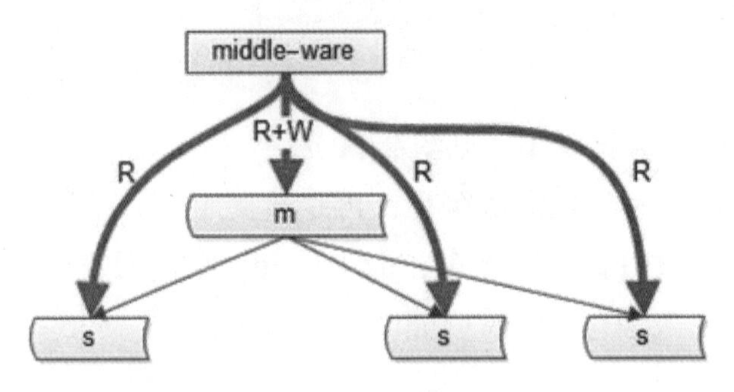

图 2–12　引入中间件

中间件将键上的写路由到主，在一定时间范围内（主从同步完成的经验时间），该键上的读也路由到主库。

（2）方案二：读写都到主，如图 2-13 所示。

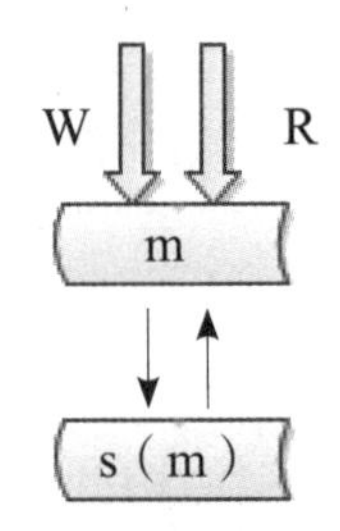

图 2–13　读写都到主

采用的方案，不做读写分离，数据不会不一致。

2. 数据库与缓存不一致的解决方案

采用两次淘汰法。

对于异常的读写时序，或导致旧数据入缓存，如果一次淘汰不够，就要进行二次淘汰。

（1）发生写请求时，先淘汰缓存，再写数据库，额外增加一个计时器（timer），一定时间（主从同步完成的经验时间）后再次淘汰。

（2）发生读请求时，先读缓存，命中则返回，未命中则读数据库，并将数据入缓存（此时可能旧数据入缓存，但会被二次淘汰掉，最终不会引发不一致）。

三、数据库水平切分策略——分库寻址

当数据库的数据量很大时，就需要对库或表进行水平切分。常见的水平切分方式共有四种。

- 索引表法。
- 缓存映射法。
- 计算法。
- 基因法。

（一）数据模型

我们以“用户中心”数据库作为数据模型，讲解数据库的水平切分策略。

用户中心是一个常见业务，主要提供用户注册、登录、查询及修改等服务，其核心元数据：

User(uid, uname, passwd, sex, age, nickname, ...)。

- uid 为用户的 id，主键。
- uname、passwd、sex、age、nickname 为用户的属性。

用户中心是几乎每一个公司必备的基础服务，用户注册、登录、信息查询与修改都离不开用户中心。

（二）数据库水平切分方案

当数据量越来越大时，需要多用户中心进行水平切分。最常见的水平切分方式是按照 uid 取模分库（见图 2-14）。

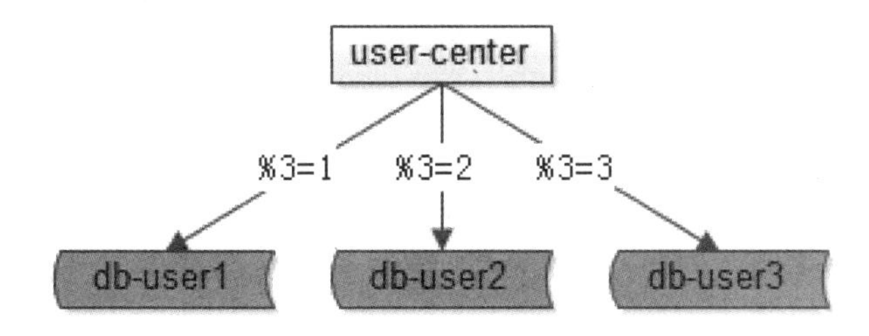

图 2-14 用户中心，uid 取模分库

通过 uid 取模，将数据分布到多个数据库实例上去，提高服务实例个数，降低单库数据量，以达到扩容的目的。

水平切分之后，uid 属性上的查询可以直接路由到库，如图 2-15，假设访问 uid=124 的数据，取模后能够直接定位 db-user1。

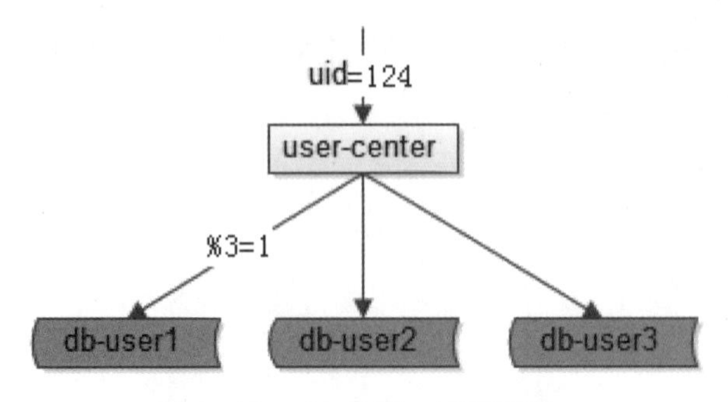

图 2-15　uid 方问，直接定位

大多数场景下，我们都不会通过 uid 进行登录，而是使用 uname 登录。那么对于 uname 上的查询，就不能这么幸运了。

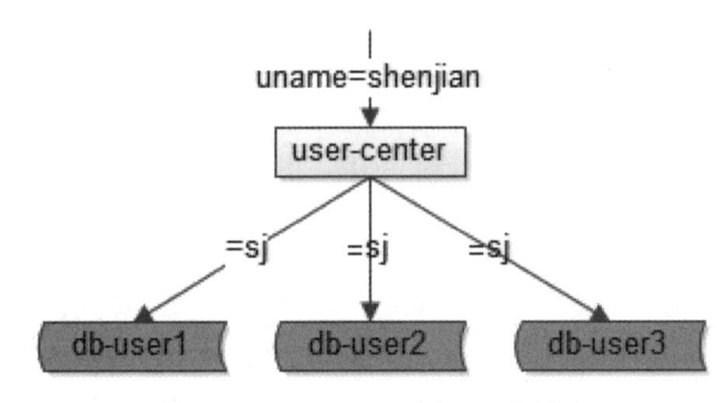

图 2-16　uname 访问，遍历库

uname 上的查询，如图 2-16，假设访问 uname=shenjian 的数据，由于不知道数据落在哪个库上，往往需要遍历所有库（扫全库法），当分库数量多时，性能会显著降低。

用 uid 分库，如何高效实现 uname 上的查询，是下面将要讨论的问题。

（三）数据库水平切分查询策略

1. 方案一：索引表法

思路：uid 能直接定位到库，uname 不能直接定位到库，如果通过 uname 能查询到 uid，问题解决。

解决方案：

（1）建立一个索引表，记录 uname 到 uid 的映射关系。

（2）用 uname 来访问时，先通过索引表查询到 uid，再定位相应的库。

（3）索引表属性较少，可以容纳非常多数据，一般不需要分库。

（4）如果数据量过大，可以通过 uname 来分库。

潜在不足：多一次数据库查询，性能下降一半。

2. 方案二：缓存映射法

思路：访问索引表性能较低，把映射关系放在缓存里性能更佳。

解决方案：

（1）查询 uname 先到缓存中查询 uid，再根据 uid 定位数据库。

（2）假设缓存未命中，采用扫全库法获取 uname 对应的 uid，放入缓存。

（3）uname 到 uid 的映射关系不会变化，映射关系一旦放入缓存，不会更改，无须淘汰，缓存命中率超高。

（4）如果数据量过大，可以通过 name 进行缓存水平切分。

潜在不足：多一次缓存查询。

3. 方案三：计算法，uname 生成 uid

思路：不进行远程查询，由 uname 直接得到 uid。

解决方案：

（1）在用户注册时，设计函数 uname 生成 uid，uid=f(uname)，按 uid 分库插入数据。

（2）用 uname 来访问时，先通过函数计算出 uid，即 uid=f(uname) 再来一遍，由 uid 路由到对应库。

潜在不足：该函数设计需要非常讲究技巧，有 uid 生成冲突风险。

4. 方案四：基因法，uname 基因融入 uid

思路：如果不能用 uname 生成 uid，那么可以从 uname 抽取“基因”，融入 uid 中，如图 2-17 所示。

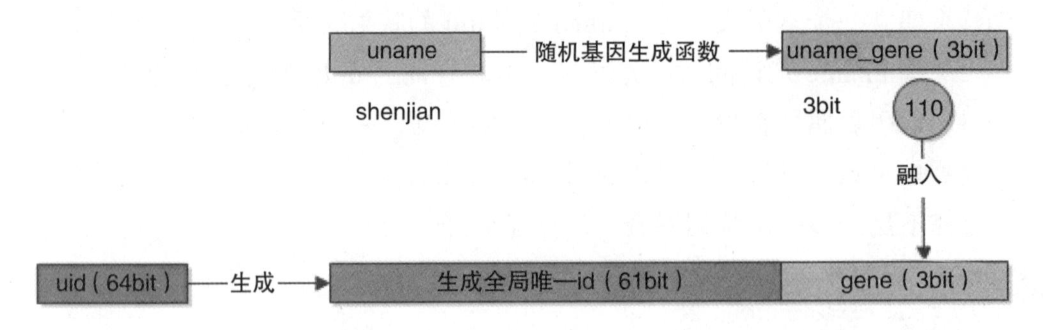

图 2-17　将 uname 基因融入 uid

假设分 8 库，采用 uid%8 路由，uid 的最后 3 个 bit 决定这条数据落在哪个库上，这 3 个 bit 就是所谓的“基因”。

解决方案：

（1）在用户注册时，设计函数 uname 生成 3bit 基因，uname_gene=f(uname)，如图 2-17 粉色部分。

（2）同时，生成 61bit 的全局唯一 id，作为用户的标识，如图 2-17 绿色部分。

（3）接着把 3bit 的 uname_gene 也作为 uid 的一部分，如图 2-17 屎黄色部分。

（4）生成 64bit 的 uid，由 id 和 uname_gene 拼装而成，并按照 uid 分库插入数据。

（5）用 uname 访问时，先通过函数由 uname 再次复原 3bit 基因，uname_gene=f(uname)，通过 uname_gene%8 直接定位到库。

四、MySQL 分库分表设计

（一）为什么要分库分表

物理服务器的 CPU、内存、存储设备、连接数等资源有限，某个时段大量连接同时执行操作，会导致数据库在处理上遇到性能瓶颈。

为了解决这个问题，行业先驱充分发扬了分而治之的思想，对大库表进行分割，然后实施更好的控制和管理，同时使用多台机器的 CPU、内存、存储设备，提供更好的性能。

数据库分库分表有两种实现方式：垂直拆分和水平拆分。

（二）垂直拆分（Scale Up 纵向扩展）

垂直拆分分为垂直分库和垂直分表，主要按功能模块拆分，以解决各个库或者各个表之间的资源竞争。

比如可分为订单库、商品库、用户库等，这种方式，多个数据库之间的表结构是不同的。

1. 垂直分库

垂直分库其实是一种简单的逻辑分割。比如，我们的数据库中有商品表 products，还有订单表 orders，还有积分表 scores。

接下来就可以创建三个数据库，一个数据库存放商品，一个数据库存放订单，一个数据库存放积分。

垂直分库有一个优点，就是能够根据业务场景进行孵化，比如某一单一场景只用到某两到三张表，基本上应用和数据库可以拆分出来做成相应的服务。

拆分方式如图 2-18 所示。

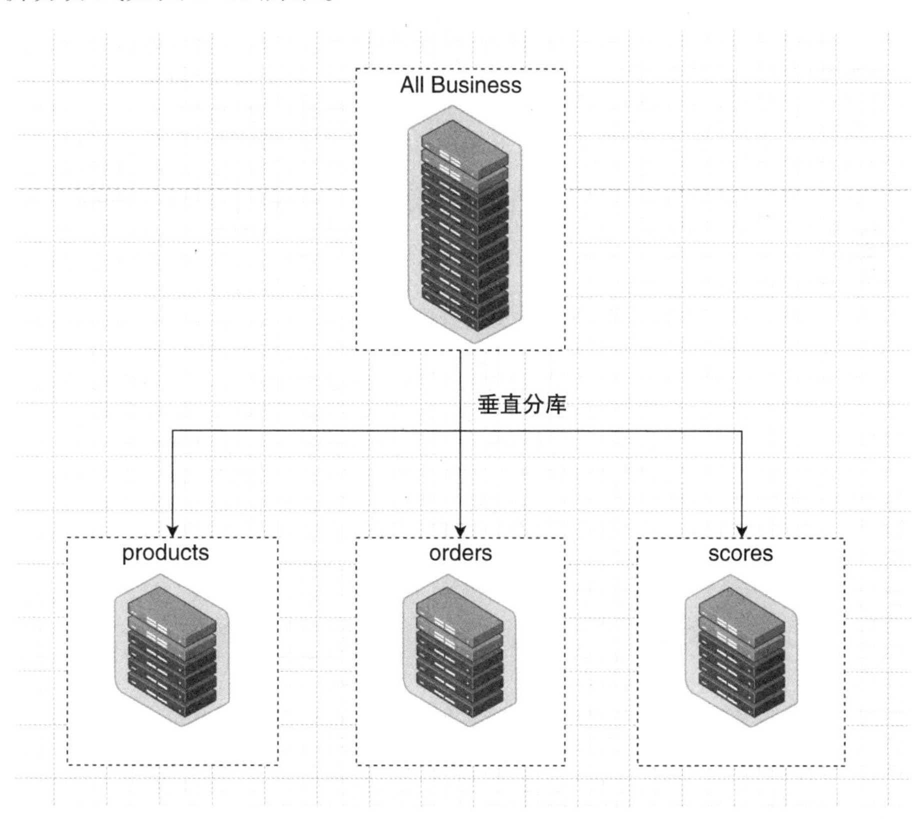

图 2-18 垂直分库拆分方式

2 垂直分表

垂直分表比较适用于那种字段比较多的表，假设一张表有 100 个字段，我们分析了一下当前业务执行的 SQL 语句，有 20 个字段是经常使用的，而另外 80 个字段使用比较少。

这样就可以把 20 个字段放在主表里面，再创建一个辅助表，存放另外 80 个字段。

当然，主表和辅助表都是有主键的，它们通过主键进行关联合并，就可以组合成 100 个字段的表。

拆分方式如图 2-19 所示。

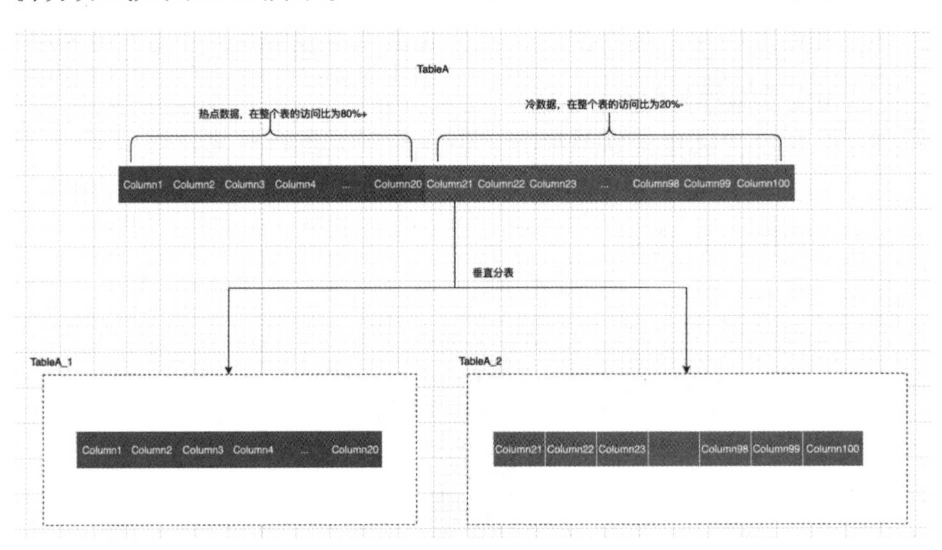

图 2-19 垂直分表拆分方式

除了这种按照访问频率的冷热进行拆分，还可以按照字段类型结构来拆分，比如大文本字段单独放在一个表中，与基础字段隔离，提高基础字段的访问效率。也可以将字段按照功能用途来拆分，比如采购的物料表可以按照基本属性、销售属性、采购属性、生产制造属性、财务会计属性等用途垂直拆分。

垂直拆分的优点：

• 跟随业务进行分割，类似微服务的分治理念，方便解耦之后的管理及扩展。

• 在高并发的场景下，垂直拆分使用多台服务器的 CPU、I/O、内存，提升性能，同时对单机数据库连接数、一些资源限制也得到了提升，能实现冷热数据的分离。

垂直拆分的缺点：

• 部分业务表无法关联（join），应用层需要很大的改造，只能通过聚合的方式来实现，增加了开发的难度。

• 单表数据量膨胀的问题依然没有得到有效的解决，分布式事务也是一个难题。

（三）水平拆分（Scale Out 横向扩展）

水平拆分又分为库内分表和分库分表，解决单表中数据量增长出现的压力，这些数据库中的表结构完全相同。

1. 库内分表

假设当 orders 表达到了 5 000 万行记录的时候，这非常影响数据库的读写效率，怎么办呢？可以考虑按照订单编号的 order_id 进行 RANGE 分区，就是把订单编号在 1—10000000 的放在 order1 表中，将编号在 10000001—20000000 的放在 order2 中（见图 2-20）。以此类推，每个表中存放 1 000 万行数据。

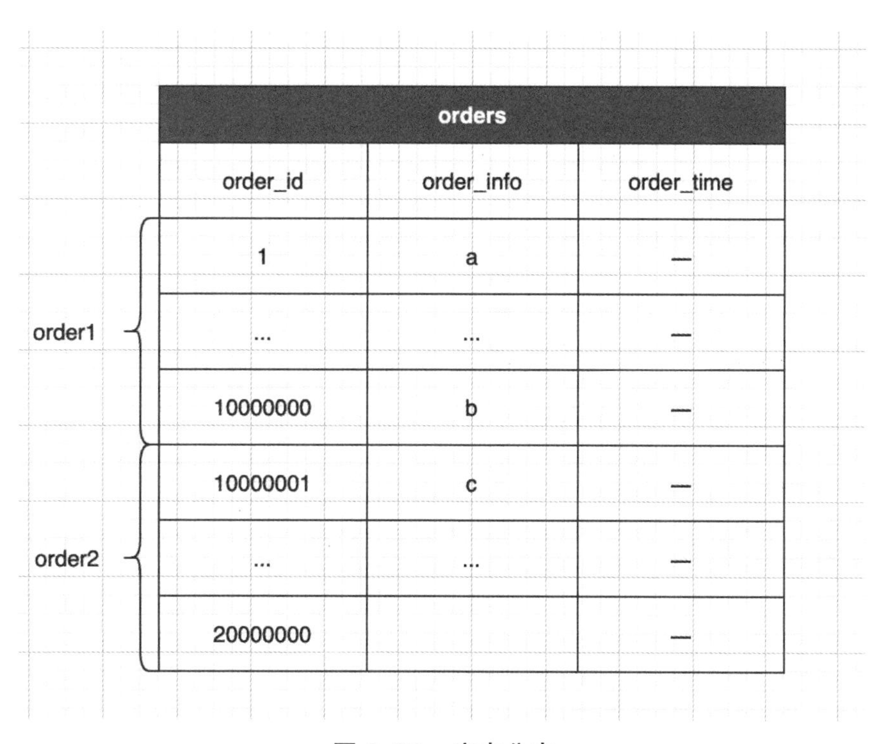

图 2-20　库内分表

关于库内分表的时机，业内的标准不是很统一，阿里的 Java 开发手册的标准是当单表行数超过 500 万行或者单表容量超过 2 GB 时，才推荐进行库内分表。百度的则是 1 000 万行的进行库内分表，这个是百度的数据库管理员经过测试推算出的结果。

但是这边忽略了单表的字段数和字段类型，如果字段数很多，超过 50 列，对性能影响也是不小的。曾经有个业务，表字段是随着业务的增长而自动扩增的，到了后期，字段越来越多，查询性能也越来越慢。

所以笔者觉得不必拘泥于 500 万行还是 1 000 万行，开发人员在使用过程中，如果压测发现因为数据基数变大而导致执行效率慢下来，就可以开始考虑分表了。

2. 库内分表的实现策略

目前在 MySQL 中支持四种表分区的方式，分别为 HASH、RANGE、LIST 及 KEY，当然在其他的类型数据库中，分区的实现方式略有不同，但是分区的思想原理是相同，具体如下：

（1）HASH（哈希）分区。

HASH 分区主要用来确保数据在预先确定数目的分区中平均分布，而在 RANGE 分区和 LIST 分区中，必须明确指定一个给定的列值或列值集合应该保存在哪个分区中。而在 HASH 分区中，MySQL 自动完成这些工作，你所要做的只是为将要被哈希的列值指定一个列值或表达式，以及指定被分区的表将要被分割成的分区数量。示例如下：

```
drop table if EXISTS `t_userinfo`;
CREATE TABLE `t_userinfo` (
`id` int(10) unsigned NOT NULL,
`personcode` varchar(20) DEFAULT NULL,
`personname` varchar(100) DEFAULT NULL,
`depcode` varchar(100) DEFAULT NULL,
`depname` varchar(500) DEFAULT NULL,
`gwcode` int(11) DEFAULT NULL,
`gwname` varchar(200) DEFAULT NULL,
`gravalue` varchar(20) DEFAULT NULL,
`createtime` DateTime NOT NULL
) ENGINE=InnoDB DEFAULT CHARSET=UTF-8
PARTITION BY HASH(YEAR(createtime))
PARTITIONS 10;
```

上面的例子，使用 HASH 函数对创建日期进行 HASH 运算，并根据这个日期来分区数据，这里共分为 10 个分区。

建表语句上添加一个“PARTITION BY HASH (expr)”子句，其中“expr”是一个返回整数的表达式，它可以是字段类型为 MySQL 整型的一列的名字，也可以是返回非负数的表达式。

另外，可能需要在后面再添加一个“PARTITIONS num”子句，其中 num 是一个非负的整数，它表示表将要被分割成分区的数量。

（2）RANGE（范围）分区。

RANGE 分区基于一个给定连续区间的列值，把多行分配给同一个分区，这些区间要连续且不能相互重叠，使用 VALUES LESS THAN 操作符来进行定义。示例如下：

```
drop table if EXISTS `t_userinfo`;
CREATE TABLE `t_userinfo` (
`id` int(10) unsigned NOT NULL,
`personcode` varchar(20) DEFAULT NULL,
`personname` varchar(100) DEFAULT NULL,
`depcode` varchar(100) DEFAULT NULL,
`depname` varchar(500) DEFAULT NULL,
`gwcode` int(11) DEFAULT NULL,
`gwname` varchar(200) DEFAULT NULL,
`gravalue` varchar(20) DEFAULT NULL,
`createtime` DateTime NOT NULL
) ENGINE=InnoDB DEFAULT CHARSET=UTF-8
PARTITION BY RANGE(gwcode) (
PARTITION P0 VALUES LESS THAN(101) ,
PARTITION P1 VALUES LESS THAN(201) ,
PARTITION P2 VALUES LESS THAN(301) ,
PARTITION P3 VALUES LESS THAN MAXVALUE
);
```

上面的示例，使用了范围 RANGE 函数对岗位编号进行分区，共分为 4 个分区，

岗位编号为 1-100 的对应在分区 P0 中，101-200 的编号在分区 P1 中，依次类推即可。那么岗位编号大于 300，可以使用 MAXVALUE 来将大于 300 的数据统一存放在分区 P3 中即可。

（3）LIST（预定义列表）分区。

LIST 分区类似于按 RANGE 分区，区别在于 LIST 分区是基于列值匹配一个离散值集合中的某个值来进行选择分区的。LIST 分区通过使用“ PARTITION BY LIST(expr)”来实现，其中“ expr”是某列值或一个基于某个列值、并返回一个整数值的表达式，

然后通过“ VALUES IN (value_list)”的方式来定义每个分区，其中“value_list”是一个通过逗号分隔的整数列表。示例如下：

```
drop table if EXISTS  `t_userinfo`;
CREATE TABLE `t_userinfo` (
`id` int(10) unsigned NOT NULL,
`personcode` varchar(20) DEFAULT NULL,
`personname` varchar(100) DEFAULT NULL,
`depcode` varchar(100) DEFAULT NULL,
`depname` varchar(500) DEFAULT NULL,
`gwcode` int(11) DEFAULT NULL,
`gwname` varchar(200) DEFAULT NULL,
`gravalue` varchar(20) DEFAULT NULL,
`createtime` DateTime NOT NULL
) ENGINE=InnoDB DEFAULT CHARSET=UTF-8
PARTITION BY LIST(`gwcode`) (
PARTITION P0 VALUES IN (46,77,89) ,
PARTITION P1 VALUES IN (106,125,177) ,
PARTITION P2 VALUES IN (205,219,289) ,
PARTITION P3 VALUES IN (302,317,458,509,610)
);
```

上面的例子，使用了列表匹配 LIST 函数对员工岗位编号进行分区，共分为 4 个分区，编号为 46、77、89 的对应在分区 P0 中，106、125、177 类别在分区 P1 中，依次类推即可。

不同于 RANGE 分区的是，LIST 分区的数据必须匹配列表中的岗位编号才能进行分区，所以这种方式只适合比较区间值确定并少量的情况。

（4）KEY（键值）分区。

KEY 分区类似于 HASH 分区，区别在于 KEY 分区只支持计算一列或多列，且 MySQL 服务器提供其自身的哈希函数，必须有一列或多列包含整数值。示例如下：

```
drop table if EXISTS `t_userinfo`;
CREATE TABLE `t_userinfo` (
`id` int(10) unsigned NOT NULL,
`personcode` varchar(20) DEFAULT NULL,
`personname` varchar(100) DEFAULT NULL,
`depcode` varchar(100) DEFAULT NULL,
`depname` varchar(500) DEFAULT NULL,
`gwcode` int(11) DEFAULT NULL,
`gwname` varchar(200) DEFAULT NULL,
`gravalue` varchar(20) DEFAULT NULL,
`createtime` DateTime NOT NULL
) ENGINE=InnoDB DEFAULT CHARSET=UTF-8
PARTITION BY KEY(gwcode)
PARTITIONS 10;
```

注意：此种分区算法目前使用得比较少，使用服务器提供的哈希函数有不确定性，对于后期数据统计、整理存在会更复杂，所以我们更倾向于使用由我们定义表达式的 HASH，大家知道其存在和怎么使用即可。

（5）Composite（复合模式）分区。

Composite 分区是上面几种模式的组合使用，比如你在 RANGE 分区的基础上，再进行 HASH 分区。

3. 分库分表

库内分表解决了单表数据量过大的瓶颈问题，但还是使用同一主机的 CPU、I/O、内存。另外，单库的连接数也有限制，并不能完全降低系统的压力。此时，我们就要考虑另外一种技术——分库分表。分库分表在库内分表的基础上，将分的表挪动到不同的主机和数据库上，可以充分使用其他主机的 CPU、内存和 I/O 资源。拆分方式如图 2-21 所示。

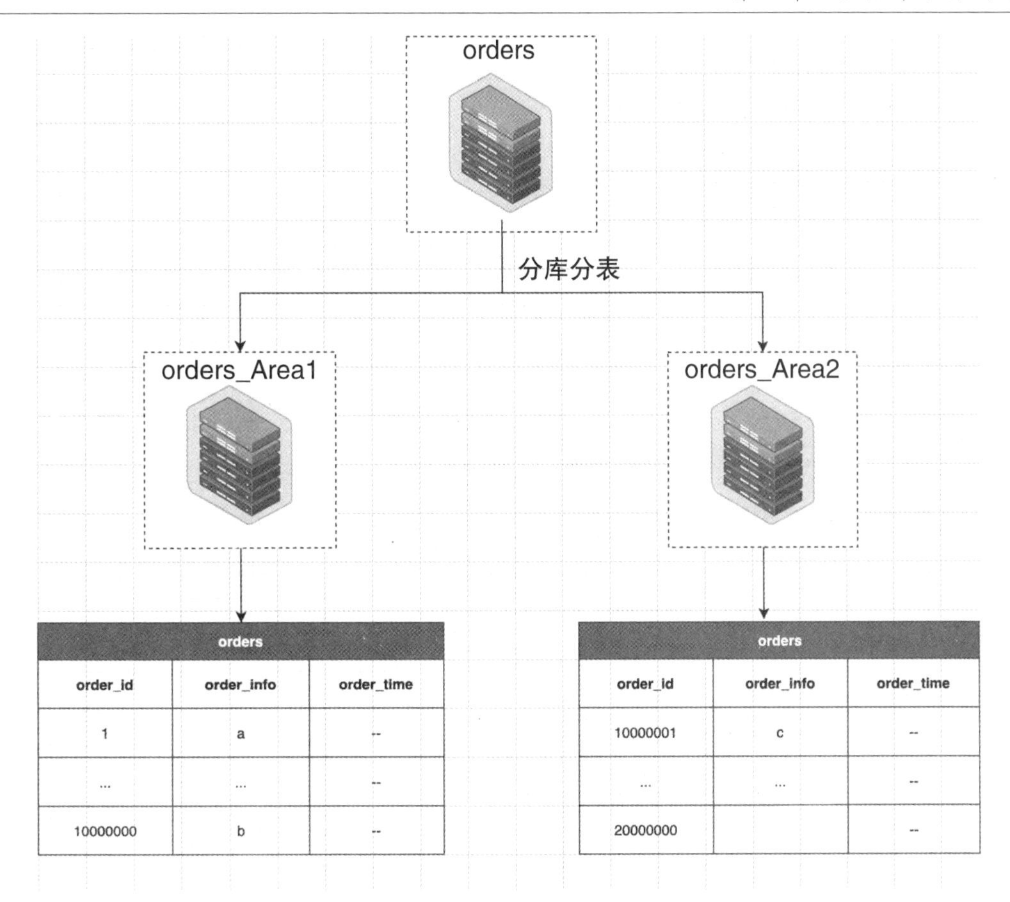

图 2-21　分库分表

（四）分库分表存在的问题

1. 事务问题

在执行分库分表之后，由于数据存储到了不同的库上，数据库事务管理出现了困难。如果依赖数据库本身的分布式事务管理功能去执行事务，将付出高昂的性能代价；如果由应用程序去协助控制，形成程序逻辑上的事务，又会造成编程方面的负担。

2. 跨库跨表的关联问题

在执行了分库分表之后，难以避免会将原本逻辑关联性很强的数据划分到不同的表、不同的库上，这时表的关联操作将受到限制，我们无法关联位于不同分库的表，也无法关联分表粒度不同的表，结果原本一次查询能够完成的业务，可能需要多次查询才能完成。

3. 额外的数据管理负担和数据运算压力

额外的数据管理负担，最显而易见的就是数据的定位问题和数据的增删改查的重复执行问题，这些都可以通过应用程序解决，但必然引起额外的逻辑运算。例如，对于一个记录用户成绩的用户数据表 userTable，业务要求查出成绩最好的 100 位，在进行分表之前，只需一个 order by 语句就可以完成，但是在进行分表之后，将需要多个 order by 语句，分别查出每一个分表的前 100 名用户数据，然后再对这些数据进行合并计算，才能得出结果。

第三章　数据治理一体化实践之体系化建模

数字经济的快速发展给企业的经营带来了新的机遇和挑战，如何有效开展数据治理，打破“数据孤岛”，充分发挥数据的业务价值，保护数据安全，已成为业界的热门话题。

本章重点分享一下某配送业务数据“底座”的建设与实践，如何通过体系化建模建立起数据定义到数据生产的桥梁，达成数据定义、模型设计、数据生产三个环节的统一，消除因数据标准缺失和执行不到位引发的数据信任问题。在高质量地实现从数据到信息的转化的同时，为后续的数据便捷消费提供数据和元数据保障。

一、什么是体系化建模

体系化建模是以维度建模为理论基础，以事前治理的理念驱动，让元数据贯穿其中的建模流程，上承指标、维度的定义，下接实际的数据生产。首先，通过高层模型设计，将业务指标结构化拆解为原子指标 / 计算指标 + 限定条件的组合方式，并将其归属到特定的业务过程和主题下，完成业务指标的计划化定义；其次，基于高层模型设计自动生产详细的物理模型设计；最后，基于产生的物理模型设计，半自动或自动地生成数据加工逻辑，以确保最终的业务定义和物理实现的统一，具体如图 3-1 所示。

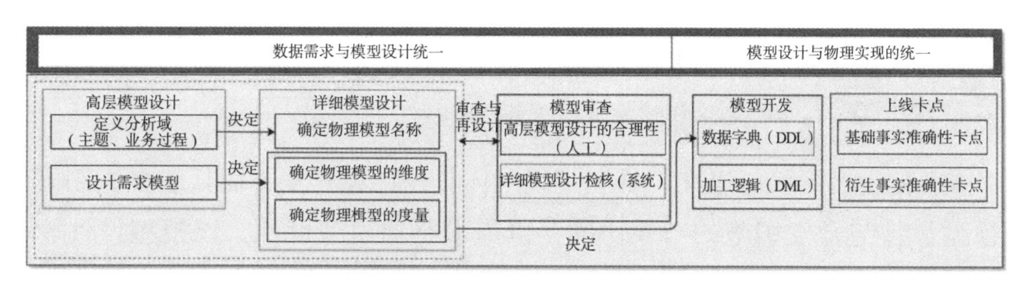

图 3–1　体系化建模概述

从对体系化建模的定义来看，它强调了两个统一，即数据需求与模型设计的统一和模型设计与物理实现的统一。

第一，数据需求与模型设计的统一。模型设计是仓库领域划分和具体需求相结合的产物。仓库领域划分是对数据进行基于业务本身但超越和脱离业务需求限制的抽象，对数据完成主题、业务过程的抽象，作为业务指标、维度需求归属和实现数据建设高内聚、低耦合的重要依据；具体的需求模型设计，是在仓库领域划分基础上的内容填充，将需求以指标、维度的形式归属到对应的主题与业务过程，以此驱动和约束具体详细模型设计，勾勒出宝贵的信息架构资产。

第二，模型设计与物理实现的统一。基于模型设计环节沉淀的信息架构元数据，以此来驱动和约束实际的物理模型，约束对应物理模型的数据定义语言（DDL）。在数据加工时，防止因缺乏有效约束带来的“烟囱式”开发，是模型上线前，自动完成业务定义与物理实现一致性验证，确保数据操纵语言（DML）实现的正确性。

二、为什么要进行体系化建模

此前一段时期，配送数据建设存在着需求管理（指标、维度）、模型设计、模型开发相互割裂、不统一的现象，数据架构规范无法进行实质、有效的管理，元数据（指标、维度、模型设计）与实际物理模型割裂、不匹配，造成各种数据资产信息缺失。而且由于缺乏系统抓手，无法完全规范研发的模型设计质量，部分需求直接进行了数据开发，引起恶化模型建设质量的问题。这种缺乏规范和约束带来的“烟囱式”开发，在浪费技术资源的同时造成数据重复且不可信。配送体系化建模切入点是以规范“基础数据建设”，消除因“烟囱式”开发给业务带来的困扰和技术上的浪费。

1. 体系化建模可以对数据架构进行实质有效的管理，从源头消除“烟囱式”开发

体系化建模不仅可以在工具上实现一体化设计和开发，而且能在机制上形成模型设计与开发实施的有效协同。以需求驱动模型设计，以模型设计驱动和约束开发实施，防止因模型设计与开发实施割裂、开发实施缺少约束带来的无序、“烟囱式”开发。

2. 体系化建模沉淀的规范元数据，可以有效消除业务在检索和理解数据时的困扰

体系化建模不但将原先割裂的数据规范定义、模型设计及最终的物理模型实现连接在一起，而且以元数据的形式将数据资产的刻画沉淀了下来，每个指标不仅有规范的业务定义和清晰的加工口径，而且还可以映射到对应的物理表上，有效地消除了业务在检索和理解数据时的困扰。

三、如何进行体系化建模

实现体系化建模要从源头开始，将数据规范定义、数据模型设计和数据仓库技术（ETL）开发连接在一起，以实现“设计即开发，所建即所得”。整体策略是从源头开始，先在需求层面解决指标定义的问题，然后依次约束和驱动模型设计，进而约束数据加工，将产生于线上业务流程各环节的数据进行领域化抽象，并实现业务规则的数字化，完成“物理世界”的数字孪生，形成“数字世界”。在工具层面实现基于需求的一体化设计和开发，在机制上形成模型设计与数据开发的有效协同（见图 3-2）。

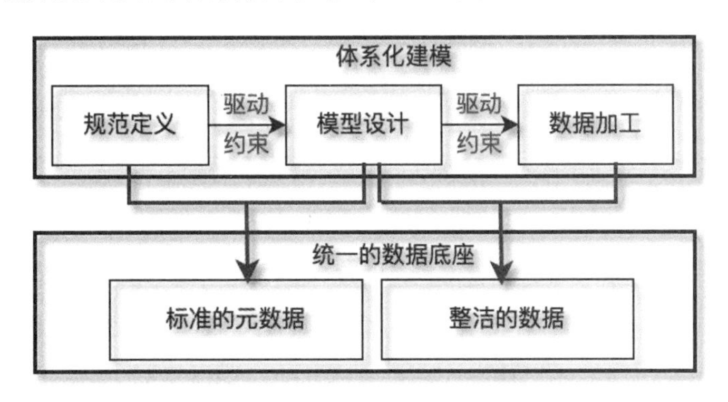

图 3–2　体系化建模思路

体系化建模不仅在工具上基于需求实现一体化设计和开发，而且在机制上形成模型设计与数据加工的有效协同。首先，基于数据仓库规划，将业务提出的指标、维度映射到对应的主题、业务过程，然后基于数据定义标准，对业务指标进行结构化拆解，实现指标的技术定义，完成高层模型设计；其次，基于高层模型设计环节沉淀的元数据，驱动和约束最终的物理模型设计，为后续的数据加工确定最终的数据定义语言，完成物理模型设计，以此来约束

后续的数据开发（见图 3-3）。

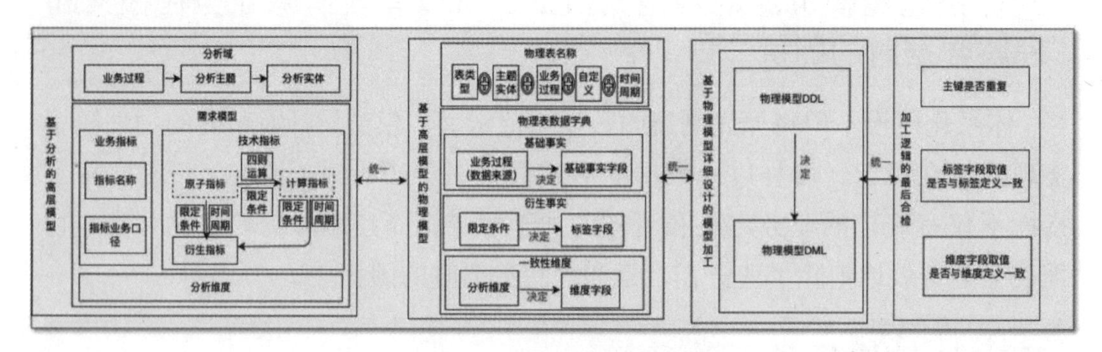

图 3–3 体系化建模流程

一线的数据需求都是以指标和维度的形式提供给数据工程师的，首先，数据工程师要根据拿到的指标需求确定要分析的业务过程，完成业务过程的划分和定义，同时将指标归属到对应的业务过程下；其次，根据指标的业务口径，将业务指标拆分成原子指标 + 限定条件 + 时间周期或计算指标 + 限定条件 + 时间周期形式，完成指标的技术定义；最后，综合各方分析视角，完成该业务过程一致性维度的设计，多个业务过程一致性维度的设计构成该主题下的总线矩阵。

上述高层模型设计，涉及两个环节。第一，通过业务抽象完成领域模型划分，我们基于业务的实际流程来划分业务过程，并按照分析领域完成业务流程的归属。在特定的业务下，分析领域和对应的业务流程不会随着分析需求的变化而变化，领域划分也不会随着分析需求的变化而变化，可以基于此划分，构建稳定的资产目录。第二，通过完成业务指标的技术定义并将其归属到特定的业务流程下，以及确定特定业务流程的分析维度完成逻辑建模。逻辑建模进一步勾勒出了在特定的分析领域和业务流程中，具体的分析度量和分析维度，完成最终的高层模型设计，高层模型的设计决定了在特定的分析域和分析业务流程下的具体物理产出。

第四章 可视化全链路日志追踪实践

可观测性作为系统高可用的重要保障，已经成为系统建设中不可或缺的一环。然而随着业务逻辑的日益复杂，传统的ELK方案在日志收集、筛选和分析等方面愈加耗时耗力，而分布式会话跟踪方案虽然基于追踪能力完善了日志的串联，但更聚焦于调用链路，也难以直接应用于高效的业务追踪。

本章介绍了可视化全链路日志追踪的新方案，它以业务链路为载体，通过有效组织业务每次执行的日志，实现了执行现场的可视化还原，支持问题的高效定位。

一、背景

（一）业务系统日益复杂

随着互联网产品的快速发展，不断变化的商业环境和用户诉求带来了纷繁复杂的业务需求。业务系统需要支撑的业务场景越来越广，涵盖的业务逻辑越来越多，系统的复杂度也跟着快速提升。与此同时，由于微服务架构的演进，业务逻辑的实现往往需要依赖多个服务间的共同协作。总而言之，业务系统的日益复杂已经成为一种常态。

（二）业务追踪面临挑战

业务系统往往面临着多样的日常客诉和突发问题，“业务追踪”就成了关键的应对手段。业务追踪可以看作一次业务执行的现场还原过程，通过执行中的各种记录还原出原始现场，可用于业务逻辑执行情况的分析和问题的定位，是整个系统建设中重要的一环。

目前在分布式场景下，业务追踪的主流实现方式包括两类：一类是基于日志的ELK方案，另一类是基于单次请求调用的会话跟踪方案。然而，随着业务逻辑的日益复杂，上述方案越来越不适用于当下的业务系统。

1. 传统的ELK方案

日志作为业务系统的必备能力，职责就是记录程序运行期间发生的离散事件，并且在事后阶段用于程序的行为分析，比如曾经调用过什么方法、操作过哪些数据等。在分布式系统中，ELK技术栈已经成为日志收集和分析的通用解决方案。如图4-1所示，伴随着业务逻辑的执行，业务日志会被打印，统一收集并存储至Elasticsearch（下称ES）。

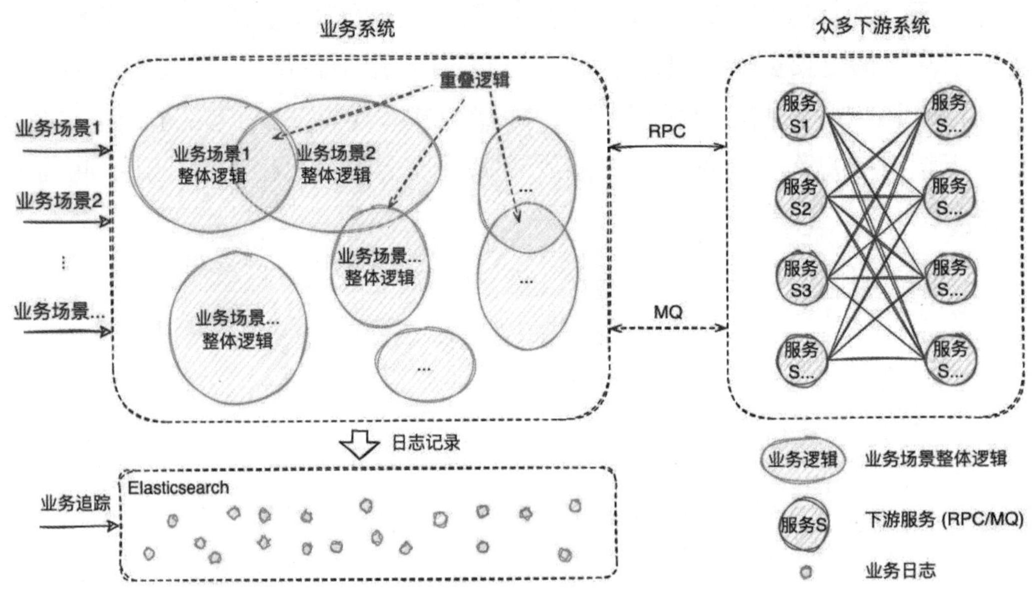

图4-1　业务系统ELK案例

传统的ELK方案需要开发者在编写代码时尽可能全地打印日志，再通过关键字段从ES中收集、筛选出与业务逻辑相关的日志数据，进而拼凑出业务执行的现场信息。然而该方案存在如下的痛点。

- 日志收集烦琐：虽然ES提供了日志检索的功能，但是日志数据往往是缺乏结构性的文本段，很难快速完整地收集到全部相关的日志。

- 日志筛选困难：不同业务场景、业务逻辑之间存在重叠，重叠逻辑打印的业务日志可能相互干扰，难以从中筛选出正确的关联日志。

- 日志分析耗时：收集到的日志只是一条条离散的数据，只能阅读代码，再结合逻辑，由人工对日志进行串联分析，尽可能地还原出现场。

综上所述，随着业务逻辑和系统复杂度的攀升，传统的ELK方案在日志收集、日志筛选和日志分析方面愈加耗时耗力，很难快速实现对业务的追踪。

2. 分布式会话跟踪方案

在分布式系统，尤其是微服务系统中，业务场景的某次请求往往需要经过多个服务、多个中间件、多台机器的复杂链路处理才能完成。为了解决复杂链路排查困难的问题，“分布式会话跟踪方案”诞生。该方案的理论知识由谷歌（Google）在2010年Dapper论文中发表，随后推特（Twitter）开发出了一个开源版本Zipkin。

市面上的同类型框架几乎都是以谷歌的Dapper论文为基础进行实现，整体大同小异，都是通过一个分布式全局唯一的id（traceid），将分布在各个服务节点上的同一次请求串联起来，还原调用关系、追踪系统问题、分析调用数据、统计系统指标。分布式会话跟踪系统具备一种会话级别的追踪能力，如图4-2所示，单个分布式请求被还原成一条调用链路，从客户端发起请求抵达系统的边界开始，记录请求流经的每一个服务，直到向客户端返回响应为止。

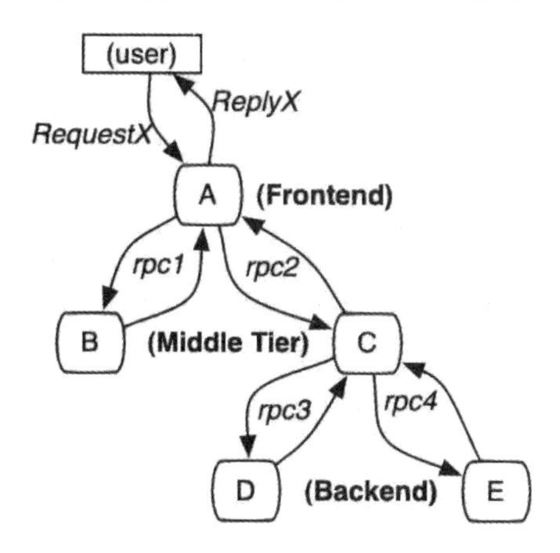

图4–2　一次典型的请求全过程（摘自Dapper）

分布式会话跟踪的主要作用是分析分布式系统的调用行为，并不能很好地应用于业务逻辑的追踪。图4-3是一个审核业务场景的追踪案例，业务系统对外提供审核能力，待审对象的审核需要经过“初审”和“复审”两个环节(两个环节关联相同的taskid)，因此整个审核环节的执行调用了两次审核接口。如图左侧所示，完整的审核场景涉及众多“业务逻辑”的执行，而分布式会话跟踪只是根据两次远程过程调用生成了右侧的两条调用链路，并没有办法准确地描述审核场景业务逻辑的执行，问题主要体现在以下几个方面。

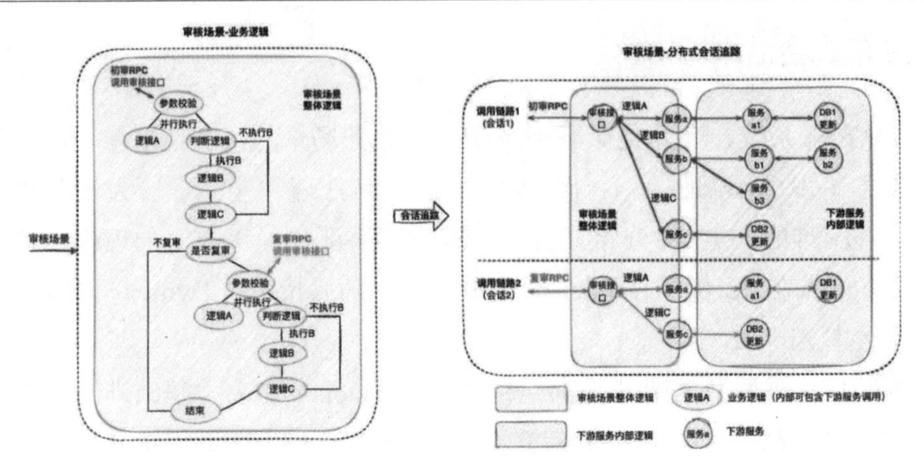

图 4–3　分布式会话跟踪案例

（1）无法同时追踪多条调用链路。

分布式会话跟踪仅支持单个请求的调用追踪，当业务场景包含了多个调用时，将生成多条调用链路；由于调用链路通过 traceid 串联，不同链路之间相互独立，因此给完整的业务追踪增加了难度。例如，当排查审核场景的业务问题时，由于初审和复审是不同的远程过程调用请求，所以无法直接同时获取到 2 条调用链路，通常需要额外存储 2 个 traceid 的映射关系。

（2）无法准确描述业务逻辑的全景。

分布式会话跟踪生成的调用链路只包含单次请求的实际调用情况，部分未执行的调用及本地逻辑无法体现在链路中，导致无法准确描述业务逻辑的全景。例如，同样是审核接口，初审链路 1 包含了服务 b 的调用，而复审链路 2 却并没有包含，这是因为审核场景中存在"判断逻辑"，而该逻辑无法体现在调用链路中，还是需要人工结合代码进行分析。

（3）无法聚焦于当前业务系统的逻辑执行。

分布式会话跟踪覆盖了单个请求流经的所有服务、组件、机器等，不仅包含当前业务系统，还涉及了众多的下游服务。当接口内部逻辑复杂时，调用链路的深度和复杂度都会明显增加，而业务追踪其实仅需要聚焦于当前业务系统的逻辑执行情况。例如，审核场景生成的调用链路，就涉及了众多下游服务的内部调用情况，反而给当前业务系统的问题排查增加了复杂度。

3. 总结

传统的 ELK 方案是一种滞后的业务追踪方案，需要事后从大量离散的日志中收集和筛选出需要的日志，并人工进行日志的串联分析，其过程必然耗时耗力。而分布式会话跟踪方案则是在调用执行的同时，实时地完成了链路的动态串联，但由于是会话级别且仅关注调用关系等问题，导致其无法很好地应用于业务追踪。

因此，无论是传统的 ELK 方案还是分布式会话跟踪方案，都难以满足日益复杂的业务追踪需求。本章希望能够实现聚焦于业务逻辑追踪的高效解决方案，将业务执行的日志以业务链路为载体进行高效的组织和串联，并支持业务执行现场的还原和可视化查看，从而提升定位问题的效率，即可视化全链路日志追踪。

下面将介绍可视化全链路日志追踪的设计思路和通用方案。

二、可视化全链路日志追踪

（一）设计思路

可视化全链路日志追踪考虑在前置阶段，即业务执行的同时实现业务日志的高效组织和动态串联，如图 4-4 所示，此时离散的日志数据将会根据业务逻辑进行组织，绘制出执行现场，从而可以实现高效的业务追踪。

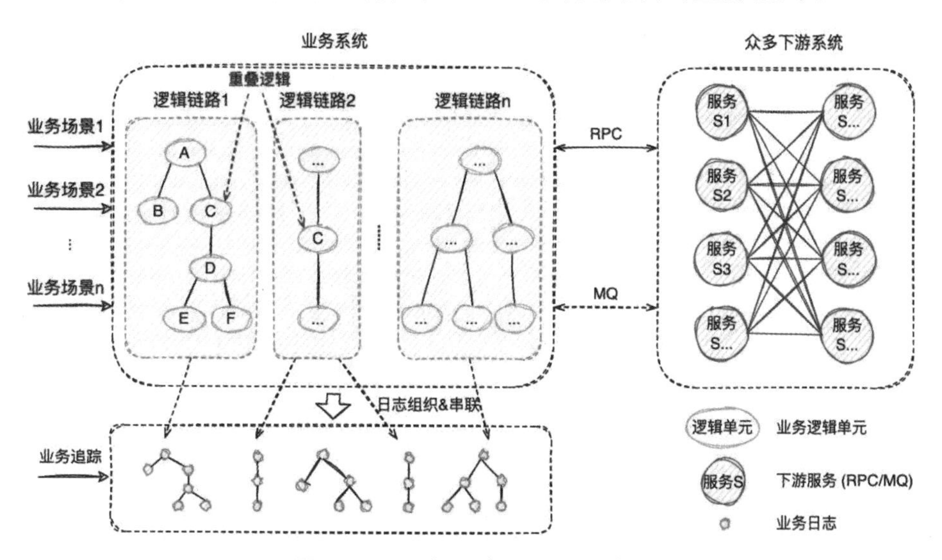

图 4-4 业务系统日志追踪案例

新方案需要回答两个关键问题：如何高效组织业务日志，以及如何动态串联业务日志。下面将逐一进行回答。

问题1：如何高效组织业务日志？

为了实现高效的业务追踪，首先需要准确、完整地描述出业务逻辑，形成业务逻辑的全景图，而业务追踪其实就是通过执行时的日志数据，在全景图中还原出业务执行的现场。

新方案对业务逻辑进行了抽象，定义出业务逻辑链路，下面还是以“审核业务场景”为例来说明业务逻辑链路的抽象过程。

• 逻辑节点：业务系统的众多逻辑可以按照业务功能进行拆分，形成一个个相互独立的业务逻辑单元，即逻辑节点，可以是本地方法（如图4-5的“判断逻辑”节点），也可以是远程过程调用方法（如图4-5的“逻辑A”节点）。

• 逻辑链路：业务系统对外支撑着众多的业务场景，每个业务场景对应一个完整的业务流程，可以抽象为由逻辑节点组合而成的逻辑链路，如图4-5中的逻辑链路就准确、完整地描述了“审核业务场景”。

一次业务追踪就是逻辑链路的某一次执行情况的还原，逻辑链路完整、准确地描述了业务逻辑全景，同时作为载体可以实现业务日志的高效组织。

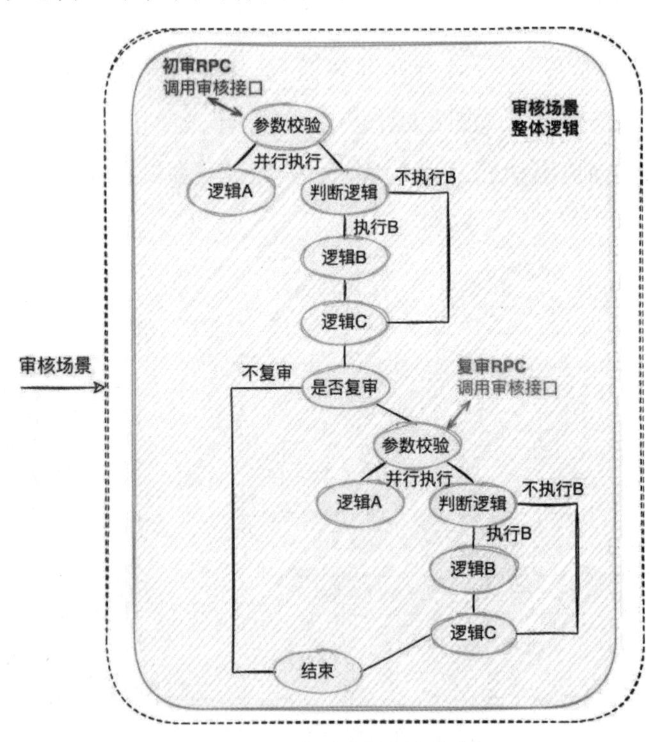

图4–5　业务逻辑链路案例

问题2：如何动态串联业务日志？

业务逻辑执行时的日志数据原本是离散存储的，而此时需要实现的是，随着业务逻辑的执行动态串联各个逻辑节点的日志，进而还原出完整的业务逻辑执行现场。

由于逻辑节点之间、逻辑节点内部往往通过消息队列或者远程过程调用等进行交互，新方案可以采用分布式会话跟踪提供的分布式参数透传能力实现业务日志的动态串联。

• 通过在执行线程和网络通信中持续地透传参数，实现业务逻辑执行的同时，不中断地传递链路和节点的标识，实现离散日志的染色。

• 基于标识，染色的离散日志会被动态串联至正在执行的节点，逐渐汇聚出完整的逻辑链路，最终实现业务执行现场的高效组织和可视化展示。

与分布式会话跟踪方案不同的是，当同时串联多次分布式调用时，新方案需要结合业务逻辑选取一个公共 id 作为标识，例如图 4-5 的审核场景涉及两次远程过程调用，为了保证两次执行被串联至同一条逻辑链路，此时结合审核业务场景，选择初审和复审相同的“任务 id”作为标识，完整地实现审核场景的逻辑链路串联和执行现场还原。

（二）通用方案

明确日志的高效组织和动态串联这两个基本问题后，选取图 4-4 业务系统中的“逻辑链路 1”进行通用方案的详细说明，方案可以拆解为以下步骤，如图 4-6 所示。

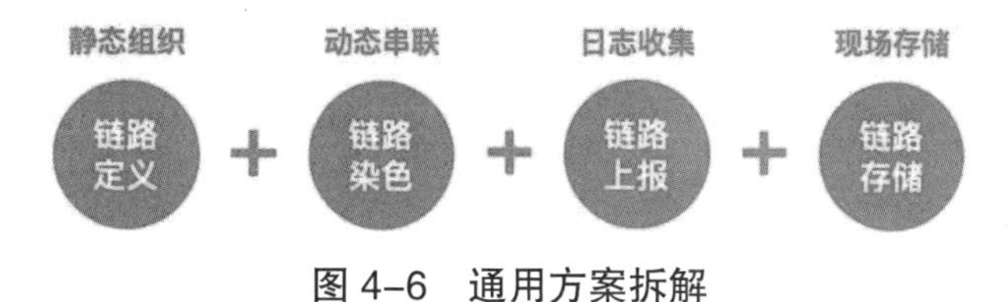

图 4–6　通用方案拆解

1. 链路定义

“链路定义”的含义：使用特定语言，静态描述完整的逻辑链路，链路通常由多个逻辑节点，按照一定的业务规则组合而成，业务规则即各个逻辑节点之间存在的执行关系，包括串行、并行、条件分支。

领域特定语言（domain specific language, DSL）是为了解决某一类任务而专门设计的计算机语言，可以通过 JavaScript 对象简谱或可扩展标记语言定义出一系列节点（逻辑节点）的组合关系（业务规则）。因此，本方案选择使用领域特定语言描述逻辑链路，实现逻辑链路从抽象定义到具体实现（见图4-7）。

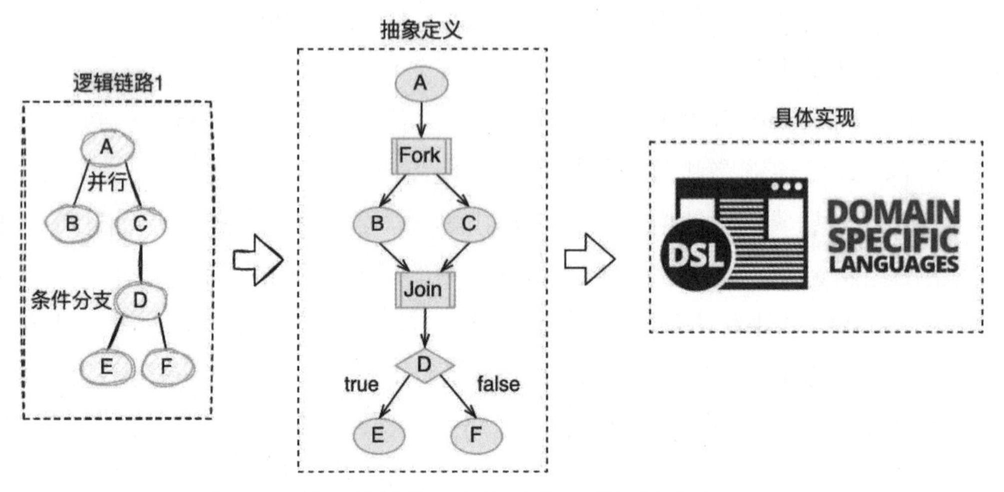

图 4-7　链路的抽象定义和具体实现逻辑链路 1-DSL

```
[
  {
   "nodeName": "A",
   "nodeType": "rpc"
  },
  {
   "nodeName": "Fork",
   "nodeType": "fork",
   "forkNodes": [
    [
     {
      "nodeName": "B",
      "nodeType": "rpc"
     }
    ],
    [
     {
```

```
        "nodeName": "C",
        "nodeType": "local"
      }
    ]
  ]
},
{
  "nodeName": "Join",
  "nodeType": "join",
  "joinOnList": [
    "B",
    "C"
  ]
},
{
  "nodeName": "D",
  "nodeType": "decision",
  "decisionCases": {
    "true": [
      {
        "nodeName": "E",
        "nodeType": "rpc"
      }
    ]
  },
  "defaultCase": [
    {
      "nodeName": "F",
      "nodeType": "rpc"
    }
  ]
```

2. 链路染色

“链路染色”的含义：在链路执行过程中，通过透传串联标识，明确具体是哪条链路在执行，执行到了哪个节点。

链路染色包括两个步骤：

（1）步骤一：确定串联标识，当逻辑链路开启时，确定唯一标识，能够明确后续待执行的链路和节点。

• 链路唯一标识 = 业务标识 + 场景标识 + 执行标识（三个标识共同决定“某个业务场景下的某次执行”）

业务标识：赋予链路业务含义，例如“用户 id”“活动 id”等。

场景标识：赋予链路场景含义，例如当前场景是“逻辑链路 1”。

执行标识：赋予链路执行含义，例如只涉及单次调用时，可以直接选择“traceid”；涉及多次调用时则，根据业务逻辑选取多次调用相同的“公共id”。

• 节点唯一标识 = 链路唯一标识 + 节点名称（两个标识共同决定“某个业务场景下的某次执行中的某个逻辑节点”）

节点名称：领域特定语言中预设的节点唯一名称，如“A”。

（2）步骤二：传递串联标识，当逻辑链路执行时，在分布式的完整链路中透传串联标识，动态串联链路中已执行的节点，实现链路的染色。例如在“逻辑链路 1”中：

• 当“A”节点触发执行，则开始在后续链路和节点中传递串联标识，随着业务流程的执行，逐步完成整个链路的染色。

• 当标识传递至“E”节点时，则表示“D”条件分支的判断结果是“true”，同时动态地将“E”节点串联至已执行的链路中。

3. 链路上报

“链路上报”的含义：在链路执行过程中，将日志以链路的组织形式进行上报，实现业务现场的准确保存。

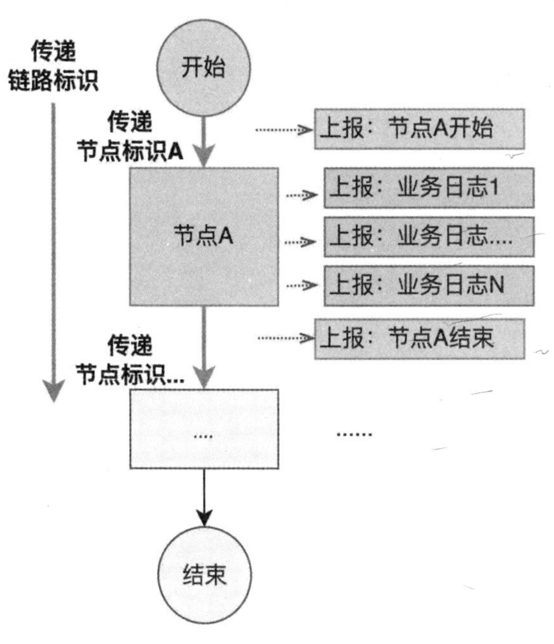

图 4–8 链路上报图示

如图 4-8 所示，上报的日志数据包括节点日志和业务日志。其中节点日志的作用是绘制链路中的已执行节点，记录了节点的开始、结束、输入、输出；业务日志的作用是展示链路节点具体业务逻辑的执行情况，记录了任何对业务逻辑起到解释作用的数据，包括与上下游交互的入参出参、复杂逻辑的中间变量、逻辑执行抛出的异常。

4. 链路存储

"链路存储"的含义：将链路执行中上报的日志落地存储，并用于后续的"现场还原"。上报日志可以拆分为链路日志、节点日志和业务日志三类。

• 链路日志：链路单次执行中，从开始节点和结束节点的日志中提取的链路基本信息，包含链路类型、链路元信息、链路开始 / 结束时间等。

• 节点日志：链路单次执行中，已执行节点的基本信息，包含节点名称、节点状态、节点开始 / 结束时间等。

• 业务日志：链路单次执行中，已执行节点中的业务日志信息，包含日志级别、日志时间、日志数据等。

图 4-9 就是链路存储的存储模型，包含了链路日志、节点日志、业务日志、链路元数据（配置数据），并且是如图 4-9 所示的树状结构，其中业务标

识作为根节点，用于后续的链路查询。

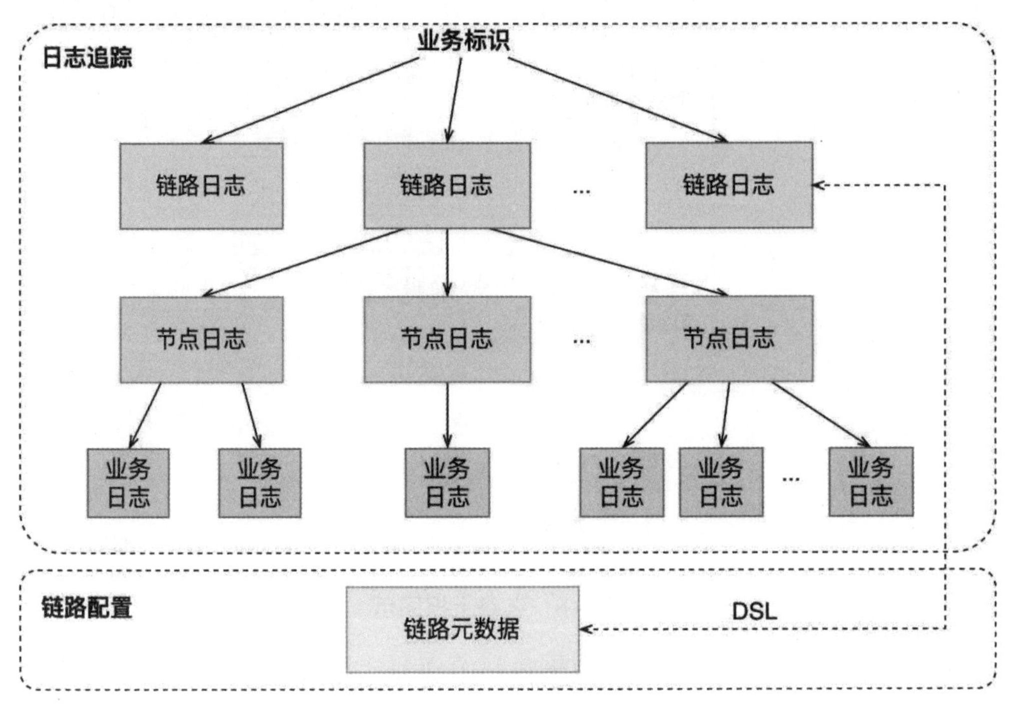

图 4–9　链路的树状存储结构

第五章　图神经网络训练框架的实践和探索

某搜索平台与百度自然语言处理部（NLP）团队在图神经网络的长期落地实践中，基于业务实际场景，自主设计研发了图神经网络框架 Tulong，以及配套的图学习平台，提升了模型的规模和迭代效率。本章介绍了模型归纳抽象、基本框架、性能优化及上层工具等方面的思考和关键设计。

一、前言

万物之间皆有联系。一方面，图作为一种通用的数据结构，可以很好地描述实体与实体之间的关系。例如：在社交网络中，用图来表示用户与用户之间的好友关系；在电商网站中，用图表示用户与商品之间的点击购买行为；在知识图谱构建中，还可以用图表示实体与实体间多样的关系。另一方面，深度学习技术在计算机视觉、自然语言处理、语音处理等领域均已取得了巨大的成功。深度学习技术将图像、文本、语音等多种多样的数据转化为稠密的向量表示，提供了表示数据的另一种方式。借助硬件日益强大的计算能力，深度学习可以从海量数据中学习到数据之间复杂多样的相关性。

这会让人不禁思考，深度学习能否应用到更广阔的领域，比如——图？事实上，早在深度学习兴起之前，业界就已经开始了图嵌入（graph embedding）技术的探索。早期的图嵌入算法多以启发式的矩阵分解、概率图模型为主；随后出现了以深度游走（DeepWalk）和 Node2Vec 为代表的、较为“浅层”的神经网络模型；最后，以图卷积神经网络（GCN）为代表的一系列研究工作，打通了图信号处理与神经网络之间的壁垒，奠定了当前基于消息传递机制的图神经网络（graph neural network, GNN）模型的基本范式。

近年来，图神经网络逐渐成为学术界的研究热点之一。在工业界，图神经网络在电商搜索、推荐、在线广告、金融风控、交通预估等领域也有诸多的落地应用，并带来了显著收益。

由于图数据特有的稀疏性（图的所有节点对之间只有少量边相连），直接使用通用的深度学习框架（例如 TensorFlow 和 PyTorch）训练往往性能不佳。

工欲善其事，必先利其器。针对图神经网络的深度学习框架应运而出：PyG（PyTorch Geometric）和深度图库（deep graph library, DGL）等开源框架大幅提升了图神经网络的训练速度，并且降低了资源消耗，拥有活跃的社区支持。很多公司根据自身业务特点，也纷纷建设自有的图神经网络框架。某搜索平台与百度自然语言处理器团队在长期的落地实践中，总结实践经验，在训练的规模和性能、功能的丰富性、易用性等方面进行了大量优化。本章首先介绍在过往落地应用中遇到的实际问题和挑战，然后再介绍具体的解决方案。

（一）问题和挑战

从工业界落地应用的角度来看，一个“好用”的图神经网络框架至少具备以下特点。

（1）完善支持当前流行的图神经网络模型。

从图本身的类型来看，图神经网络模型可以分为同质图（homogeneous graph）、异质图（heterogeneous graph）、动态图（dynamic graph）等类型。从训练方式来看，又可以分为全图消息传递和基于子图采样的消息传递等类型。从推理方式来看，还可以分为直推式和归纳式。

除此之外，下游任务除了经典的节点分类、链接预测和图分类，还有许多领域相关端到端的预测任务。在实际应用中，不同业务场景对图神经网络的模型和下游任务的需求是不同的，需要个性化定制。例如：在美食推荐场景中，存在用户、商家、菜品等节点，刻画其相互关系可以使用同质图或异质图；为了刻画用户在不同时间的偏好，可能还需要使用动态图模型；针对推荐系统的召回和排序两个阶段，还需要设计不同的训练任务。尽管现有框架都提供常见模型的实现，但简单调用这些模型不能满足上述需求。此时便需要用户自行开发模型和训练流程代码，这就带来了额外的工作量。如何帮助用户更便捷地实现定制模型是一个不小的挑战。

（2）以合理的代价支持大规模图上的模型训练。

在业务落地应用中，图的规模往往很大，可以达到数十亿甚至数百亿条边。在初期的尝试中发现，使用现有框架，只能在分布式环境下训练百亿边规模的模型，消耗较多的硬件资源（数千个 CPU 和数太内存）。如果希望单机即可在合理的时间内训练百亿边规模的模型，就要降低对硬件资源的需求。

（3）与业务系统无缝对接。

图神经网络的完整落地流程至少包括：基于业务数据构图、离线训练和评测模型、线上推理、业务指标观测等步骤。要让图神经网络技术成功落地应用，需要充分理解业务逻辑和业务需求，统一、高效地管理业务场景。同样以美食推荐场景为例，线上日志记录了曝光、点击、下单等行为事件，知识图谱提供了商家和菜品丰富的属性数据，如何用这些异质的数据构造图，要结合业务实际多次实验确定。合适的工具能提升对接业务数据的效率，然而现有的图神经网络框架大多聚焦在模型的离线训练和评测，缺乏此类工具。

（4）研发人员易于上手，同时提供充足的可扩展性。

从研发效率的角度来说，自建图神经网络框架的目的是减少建模中的重复工作，让研发人员的精力集中在业务本身的特性上。因此，一个“好用”的图神经网络框架应当易于上手，通过简单配置即能完成多数任务。在此基础上，对于一些特殊的建模需求，也能提供适当的支持。

（二）解决方案

某搜索平台与百度自然语言处理部团队在搜索、推荐、广告、配送等业务的长期落地实践中，总结实践经验，自主设计研发了图神经网络框架 Tulong 及配套的图学习平台，较好地解决了上述问题。

（1）首先，对当前流行的图神经网络模型进行了细粒度的剖析，归纳总结出了一系列子操作，实现了一套通用的模型框架。简单修改配置即可实现许多现有的图神经网络模型。

（2）针对基于子图采样的训练方式，开发了图计算库“ MTGraph”，大幅优化了图数据的内存占用和子图采样速度。在单机环境下，相较于深度图库训练速度提升约 4 倍，内存占用降低约 60%。单机即可实现十亿节点百亿边规模的训练。

（3）围绕图神经网络框架 Tulong，构建了一站式的图学习平台，为研发人员提供包括业务数据接入、图数据构建和管理、模型的训练和评测、模型导出上线等全流程的图形化工具。

（4）Tulong 实现了高度可配置化的训练和评测，从参数初始化到学习率，从模型结构到损失函数类型，都可以通过一套配置文件来控制。针对业务应用的常见场景，总结了若干训练模版，研发人员通过修改配置即可适配多数业务场景。例如，许多业务存在午晚高峰的周期性波动，为此设计了周期性动态图的训练模板，可以为一天中不同时段产生不同的图神经网络表示。在配送业务的应用中，需要为每个区域产生不同时段下的图神经网络表示，作为下游预测任务的输入特征。在开发过程中，从开始修改配置到产出初版模型仅花费三天；而在此之前，自行实现类似模型方案花费约两周时间。

二、系统概览

如图 5-1 所示，Tulong 配套图计算库和图学习平台构成了一套完整系统。系统自底向上可以分为以下 3 个组件。

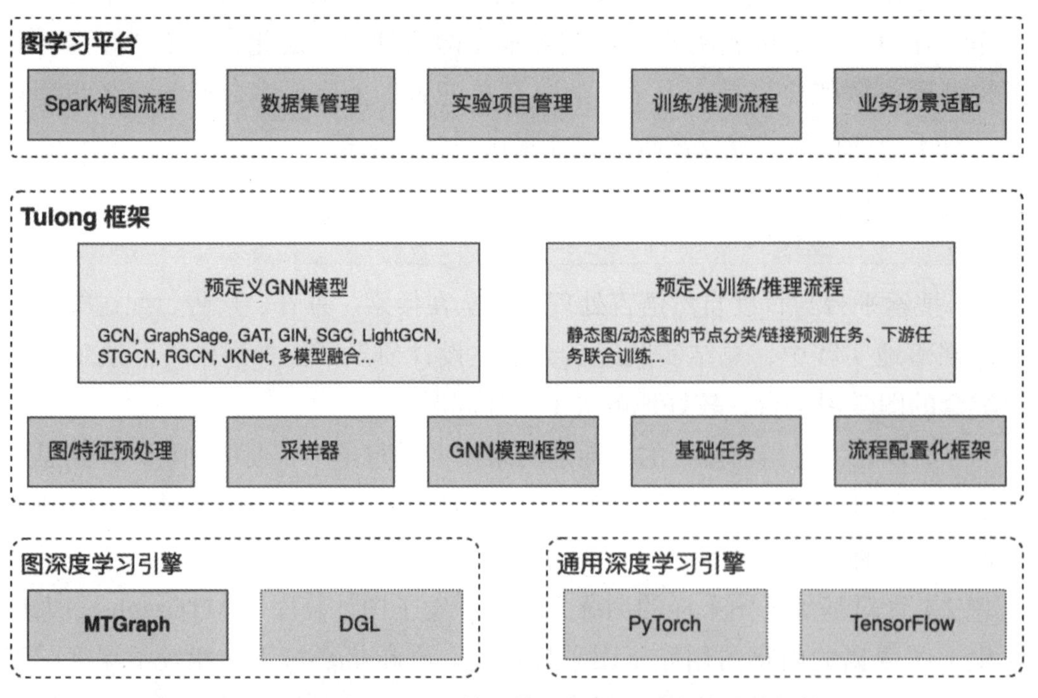

图 5–1　图神经网络计算引擎、框架和平台的系统架构

（1）图与深度学习引擎。

把图神经网络的底层算子分为三类：图结构查询、稀疏张量计算和稠密张量计算。开发了图计算库 MTGraph，提供图数据的存储和查询功能，深度优化了内存占用和子图采样速度。MTGraph 兼容 PyTorch 和深度图库，用户可以在 MTGraph 的基础上直接编写基于深度图库的模型代码。

（2）Tulong 框架。

Tulong 框架首先封装实现了训练图神经网络所需的基本组件，包括图和特征数据的预处理流程、子图采样器、通用的图神经网络模型框架，以及包括训练和评测在内的基础任务。基于上述组件，Tulong 框架提供丰富的预定义模型和训练 / 推理流程，用户通过修改配置文件即可在业务数据上训练和评测图神经网络模型。

（3）图学习平台。

图学习平台旨在简化离线的模型开发和迭代过程，同时简化业务系统的对接流程。图学习平台提供一系列的可视化工具，简化从业务数据接入到模型上线的全流程。

下面将从模型框架、训练流程框架、性能优化和图学习平台等四个方面详细介绍各个模块的分析和设计方案。

三、模型框架

从工程实现的角度，归纳总结了当前主流图神经网络模型的基本范式，实现一套通用框架，以期涵盖多种图神经网络模型。以下按照图的类型（同质图、异质图和动态图）分别讨论。

（一）同质图

同质图（homogeneous graph）可以定义为节点集合和边集合：$G=(V, E)$，一条边 $(u, v) \in E$ 表示节点 u 与节点 v 相连。节点和边上往往还附加有特征，记 x_v 为节点 v 的特征，$\mathrm{x}_{(u, v)}$ 为边 (u, v) 的特征。

包括 PyG 和深度图库在内的许多图神经网络框架，都对同质图上的图神经网络进行过归纳，提出了相应的计算范式。例如，深度图库把图神经网络的前向计算过程归纳为消息函数（message function）、聚合函数（reduce function）和更新函数（update function）。

扩展聚合函数的种类，提出一种更加通用的计算范式：

$$
\begin{aligned}
\mathbf{H}_v^{(k)} &= \left\{\mathbf{h}_v^{(i)} \mid 0 \leqslant i \leqslant k\right\} \\
\mathbf{m}_{(u,v)}^{(k)} &= \phi^{(k)}\left(\rho_L^{(k-1)}\left(\mathbf{H}_u^{(k-1)}\right), \rho_L^{(k-1)}\left(\mathbf{H}_v^{(k-1)}\right), \mathbf{x}_{(u,v)}\right) \\
\tilde{\mathbf{h}}_v^{(k)} &= \rho_N^{(k)}\left(\left\{\mathbf{m}_{(u,v)}^{(k)} \mid u \in N^{(k)}(v)\right\}\right) \\
\mathbf{h}_v^{(k)} &= \psi^{(k)}\left(\mathbf{h}_v^{(k-1)}, \tilde{\mathbf{h}}_v^{(k)}\right)
\end{aligned}
$$

上述计算范式仍然分为生成消息、聚合消息、更新当前节点三个步骤，具体包括：

• 层次维度的聚合函数 ρ_L（•）：用于聚合同一节点在模型不同层次的表示。例如，多数图神经网络模型中，层次维度的聚合函数为上一层的节点表示；而在跳跃知识网络（JKNet）中，层次维度的聚合函数可以设定为长短期记忆人工神经网络（LSTM）。

• 消息函数 ϕ（•）：结合起始节点和目标节点，以及边的特征，生成用于消息传递的消息向量。

• 节点维度的聚合函数 ρ_N（•）：汇集了来自邻居节点 N（v）的所有消息向量。值得注意的是，N（v）也可以有不同的实现。例如，在图卷积神经网络中为所有邻居节点，而在 GraphSAGE 中为邻居节点的子集。

• 更新函数 ψ（•）：用于聚合节点自身在上一层和当前层的表示。

不难看出，上述计算范式可以覆盖当前大多数图神经网络模型。在工程实践中，将上述函数进一步分拆细化，预先提供了多种高效的实现。通过配置选项即可实现不同的组合搭配，从而实现多数主流的图神经网络模型。

（二）异质图

相比于同质图，异质图（heterogeneous graph）扩充了节点类型和边类型。比如，学术引用网络中包含论文、作者、机构等类型的节点，节点直接通过“论文引用其他论文”“作者撰写论文”“作者属于机构”等类型的边相连，如下图 5-2 所示。

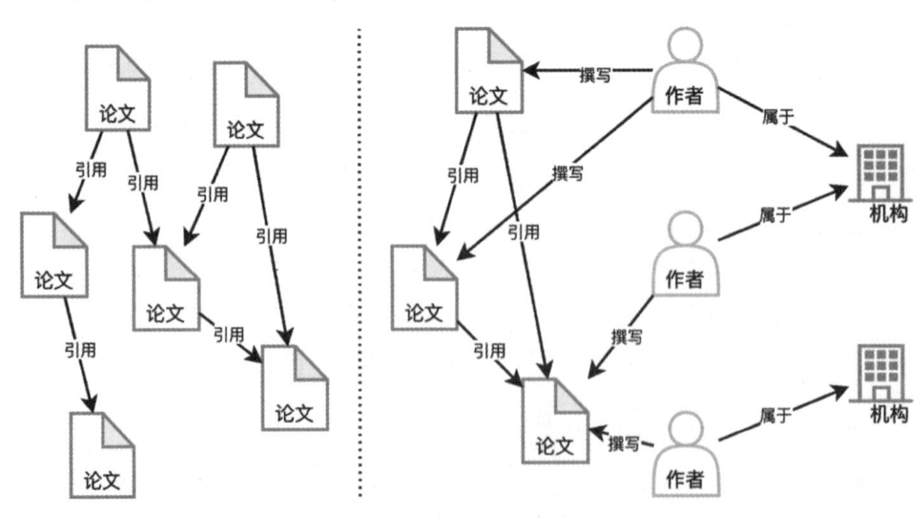

图 5-2　同质图与异质图的比较

把异质图视为多个二分图的叠加，每一个二分图对应于一种边类型。上述的学术引用网络可以表示成“论文—引用—论文”“作者—撰写—论文”“作者—属于—机构”，共计三个二分图，同质图的图神经网络模型框架稍加修改即可在二分图上应用。

在此基础上，一个节点在不同的二分图中会产生不同的表示。我们进一步提出边类型维度的聚合函数 $\rho_{\mathrm{R}}(\bullet)$，用于聚合节点在不同二分图中的表示（如图 5-3 所示）。框架中同样提供边类型纬度聚合函数的多种实现，可以通过配置选项调用。例如，要实现 R-GCN，可以在二分图上应用图卷积神经网络，然后在边类型维度上取平均。

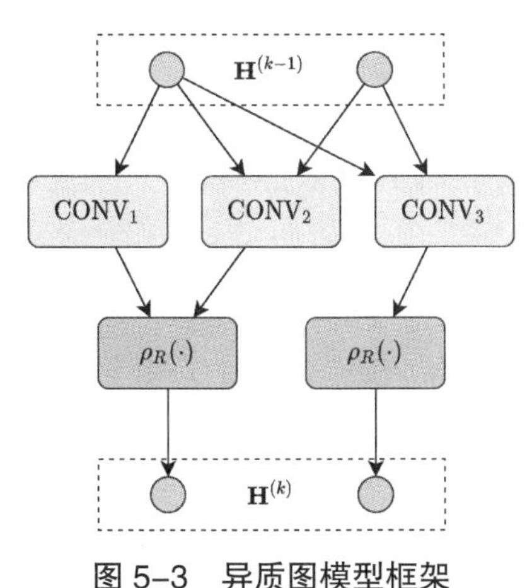

图 5–3 异质图模型框架

（三）动态图

动态图（dynamic graph）是指随时间变化的图。与之相对的，上述的同质图和异质图都可以称为静态图。比如，学术引用网络会随时间不断扩张，用户与商品的交互图会随用户兴趣而变化。动态图上的图神经网络模型旨在生成给定时间下的节点表示 $\mathrm{H}(t)$。根据时间粒度的粗细，动态图可分为离散时间动态图和连续时间动态图。

在离散时间动态图中，时间被划分为多个时间片（例如以天 / 小时划分），每个时间片对应一个静态的图。离散时间动态图的图神经网络模型通常在每个时间片上单独应用图神经网络模型，然后聚合节点在不同时间的表征。把聚合过程抽象为离散时间维度的聚合函数 $\rho_{\mathrm{T}}(\bullet)$，同样提供预定义的实现（见图 5-4）。此外，Tulong 框架还提供离散时间动态图数据的加载和管理机制，仅在内存中保留必需的时间片，降低硬件资源的消耗。

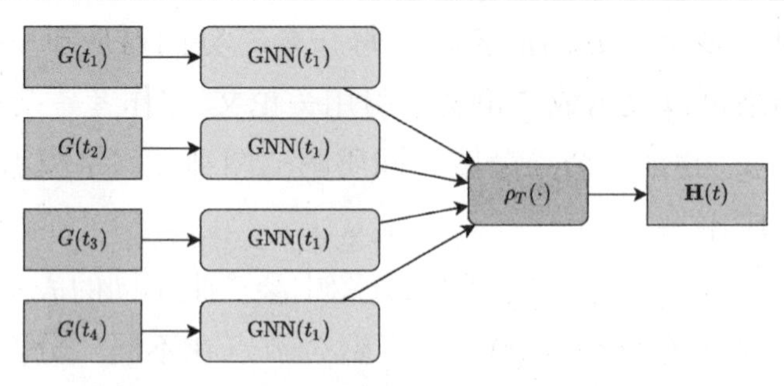

图 5–4　离散时间动态图 GNN 模型框架

在连续时间动态图中，每条边附有时间戳，表示交互事件发生的时刻。相比于静态图，连续时间动态图中的消息函数 $\phi(\cdot, t, e_t)$ 还依赖于给定样本的时间戳及边的时间戳（见图 5-5）。此外，邻居节点 $N(v, t)$ 必须与时间有关，例如邻居节点中不能出现时刻之后才出现的节点。针对此问题，我们开发了多种连续时间动态图上的邻居节点采样器，可以在指定的时间范围内，高效地采样邻居节点。

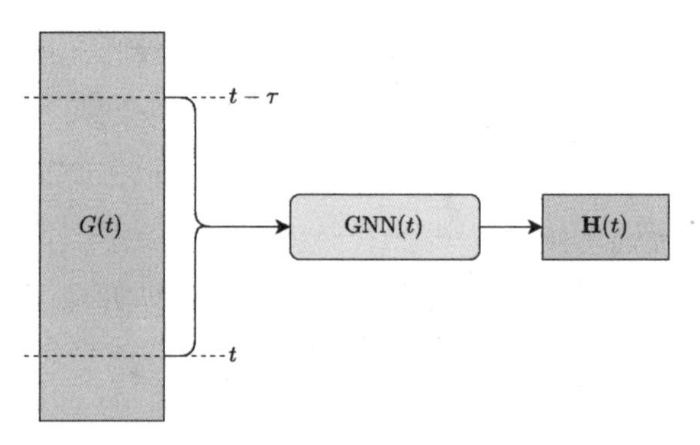

图 5–5　连续时间动态图 GNN 模型框架

以上分析了同质图、异质图和动态图的计算范式，从中抽取出通用的函数（算子），包括消息函数、聚合函数、更新函数、邻居节点函数，并给出多种预定义的实现。框架用户通过配置选项即可拼装组合算子，从而实现需要的图神经网络模型。

四、训练流程框架

训练图神经网络模型通常包括加载数据、定义图神经网络模型、训练和评测、导出模型等流程。由于图神经网络模型和训练任务的多样性，在实际开发过程中，用户往往要针对自己的场景自行编写模型和流程代码，处理烦琐的底层细节让用户难以集中到算法模型本身的调优上。GraphGym 和 DGL-Go 试图解决这一问题，通过集成多种模型和训练任务，同时简化接口，可以让用户较为直接地上手和训练图神经网络模型。

我们通过更加“工业化”的方式解决这一问题（见图 5-6），框架被分为两层：基础组件和流程组件。基础组件聚焦于单一的功能，例如图数据组件只维护内存中的图数据结构，不提供图上的采样或张量计算功能；图上的采样功能通过图采样器来提供。流程组件通过组装基础组件提供较为完整的数据预处理、训练和评测流程，例如训练流程组合了图数据、图采样器、图神经网络模型等组件，提供完整的训练功能。

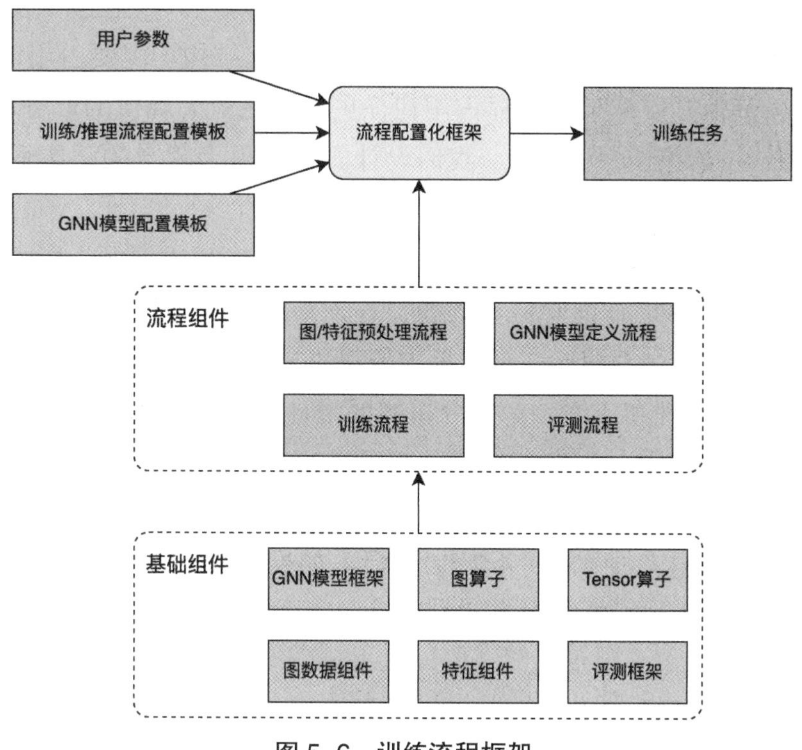

图 5-6 训练流程框架

更上一层，我们提供多种流程配置模板和图神经网络模型模板。模板对外暴露若干超参，例如训练数据路径、模型类型、学习率等参数，结合用户指定的超参后就可以完整定义一次训练任务。换言之，基于模板和参数即可完整复现一次图神经网络模型实验。框架将会解析这些配置，并生成可执行的应用。

举例来说，用户可以选择 GraphSAGE 模型的配置模板，以及链接预测任务的训练模板，指定模型层数和维度，以及训练评测数据路径，即可开始训练基于 GraphSAGE 的链接预测模型。

五、性能优化

随着业务的发展，业务场景下图的规模也愈发庞大。如何以合理的代价，高效训练数十亿乃至百亿边规模的图神经网络模型成为亟须解决的问题。我们通过优化单机的内存占用，以及优化子图采样算法来解决这一问题。

（一）图数据结构优化

图数据结构的内存占用是制约可训练图规模的重要因素。以 MAG240M-LSC 数据集为例，添加反向边后图中共有 2.4 亿节点和 35 亿边。在基于子图采样的训练方式下，PyG 和深度图库单机的图数据结构均需要占用 100 GB 以上的内存，其他开源框架的内存占用往往更多。在更大规模的业务场景图上，内存占用往往会超出硬件配置。我们设计实现了更为紧凑的图数据结构，提升了单机可承载的图规模。

借助图压缩技术降低内存占用。不同于常规的图压缩问题，图神经网络的场景下需要支持随机查询操作。例如，查询给定节点的邻居节点；判断给定的两个节点在图中是否相连。对此提出的解决方案包括两部分：

• 图数据预处理和压缩。首先分析图的统计特征，以轻量级的方式对节点进行聚类和重新编号，以期让编号接近的节点在领域结构上也更为相似。随后调整边的顺序，对边数据进行分块和编码，产生“节点—分块索引—邻接边”层次的图数据文件（见图 4-7）。最后，如果数据包含节点特征或边特征，还需要将特征与压缩后的图对齐。

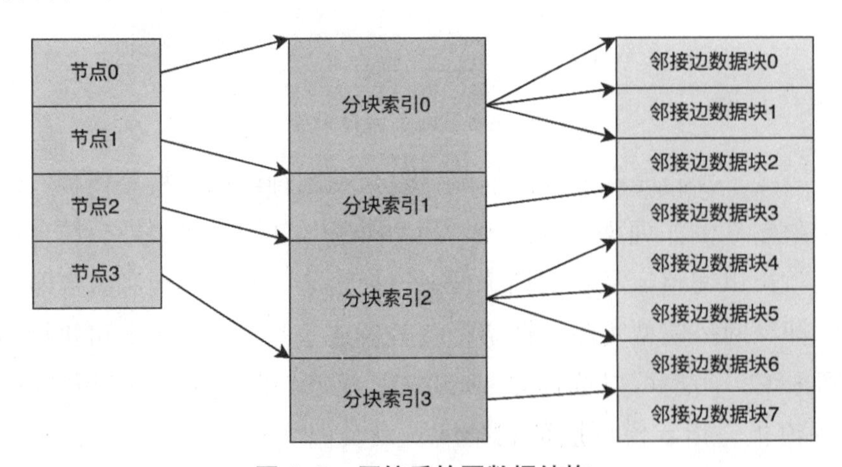

图 4-7　压缩后的图数据结构

• 图的随机查询。查询操作分为两步：首先定位所需的边数据块，然后在内存中解压数据块，读取所查询的数据。例如，在查询节点和是否相连时，首先根据两个节点的编号计算边数据块的地址，解压数据块后获得少量候选邻接边（通常不多于 16 条），然后查找是否包含边。

经过压缩，加载 MAG240M-LSC 数据集仅需 15 GB 内存。百亿乃至千亿边规模图的内存占用显著降低，达到单机可承载的程度，如图 5-8 所示。

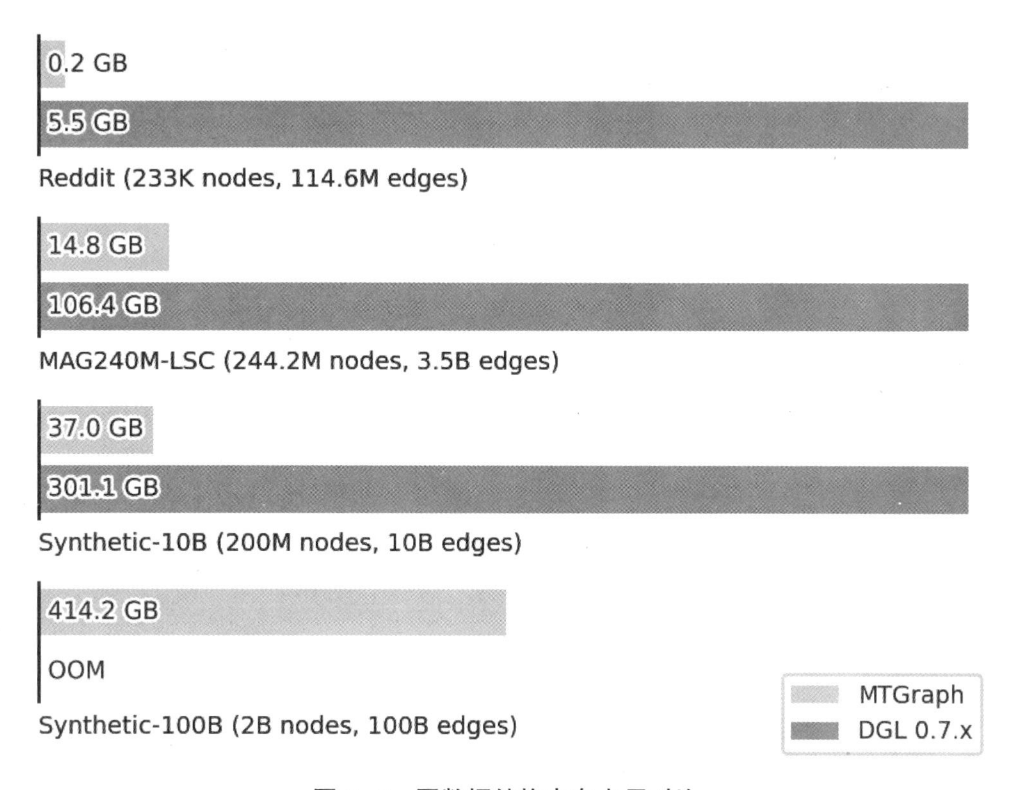

图 5–8　图数据结构内存占用对比

（二）子图采样优化

子图采样是图神经网络模型训练的性能瓶颈之一。我们发现在某些业务图中，子图采样的耗时甚至占训练整体的 80% 以上。我们分别针对静态图和动态图，设计实现了多种高效的邻居节点采样算法。主要的优化手段包括以下三种：

• 随机数发生器：相比于通信加密等应用，图上的采样对于随机数发生器的“随机性”并没有苛刻的要求。我们适当放松了对随机性的要求，设计实现了更快速的随机数发生器，可以直接应用在有放回和无放回的采样操作中。

• 概率量化：有权重的采样中，在可接受的精度损失下，将浮点数表示的概率值量化为更为紧凑的整型。不仅降低了采样器的内存消耗，也可以将部分浮点数操作转化为整型操作。

• 时间戳索引：动态图的子图采样操作要求限定边的时间范围。采样器首先对边上的时间戳构建索引，采样时先根据索引确定可采样边的范围，然后再执行实际的采样操作。

经过以上优化，子图采样速度相较于深度图库取得了 2 ~ 4 倍的提升（见图 5-9）。某业务场景图 A（2 亿节点 40 亿边）使用深度图库训练耗时 2.5 h/epoch，经过优化可达 0.5 h/epoch。某业务场景图 B（2.5 亿节点 124 亿边）原本只能分布式训练，耗时 6 h/epoch；经过优化，单机即可训练，速度可达 2 h/epoch。

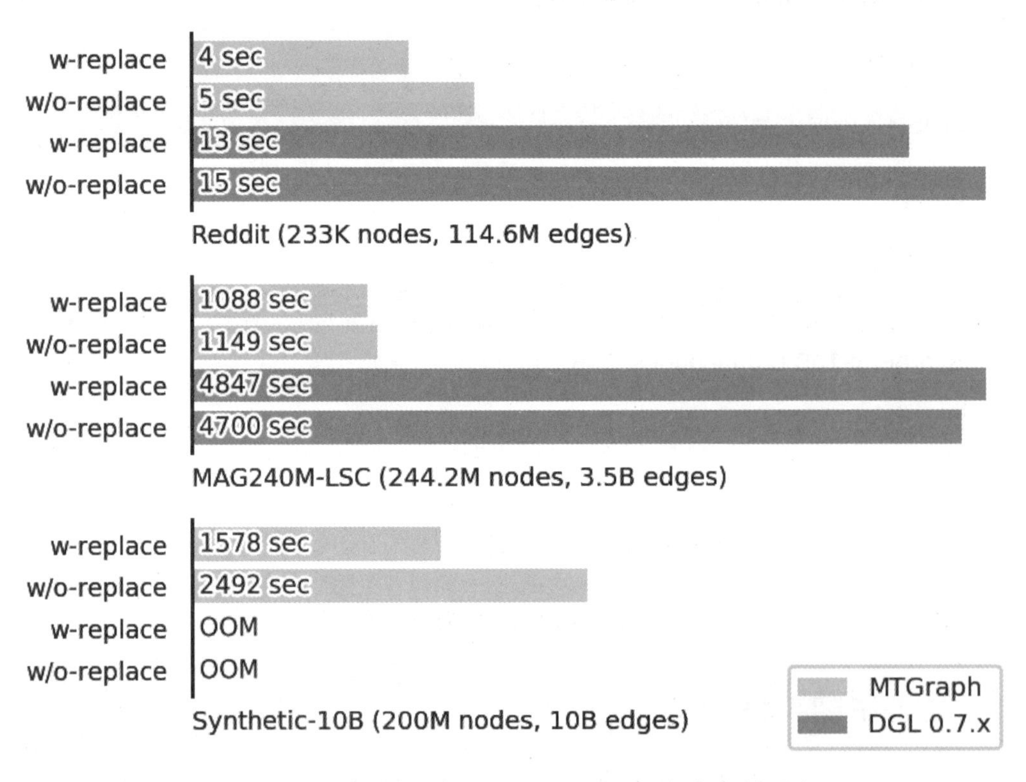

图 5–9　子图采样速度对比（2 层，每层 20 条邻接边）

六、图学习平台

图学习平台旨在简化离线的模型开发迭代过程，同时简化业务系统的对接流程。一个完整的模型开发迭代过程至少包括三个阶段：准备数据集、定义模型和训练任务、训练和评测模型。我们分析用户在这三个阶段的需求，提供相应工具提升开发效率。

• 数据集管理：从业务数据构造图是模型开发的第一步，图学习平台提供基于 Spark 的构图功能，可以将 Hive 中存储的业务数据转化为 Tulong 自定义的图数据格式。业务数据经常以事件日志的方式存储，如何从中抽象出图，有大量的选择。例如，在推荐场景中，业务日志包含用户对商家的点击和下单记录，除了把“用户—点击—商家”的事件刻画为图以外，还可以考虑刻画短时间内共同点击商家的关系。除此之外，还可以引入额外的数据，比如商家的地理位置、商家在售的菜品等。究竟使用何种构图方案，需要经过实验才能确定。对此，图学习平台提供了图形化的构图工具（见图 5-10），帮助用户梳理构图方案；同时还提供图数据集的版本管理，方便比较不同构图方案的效果。

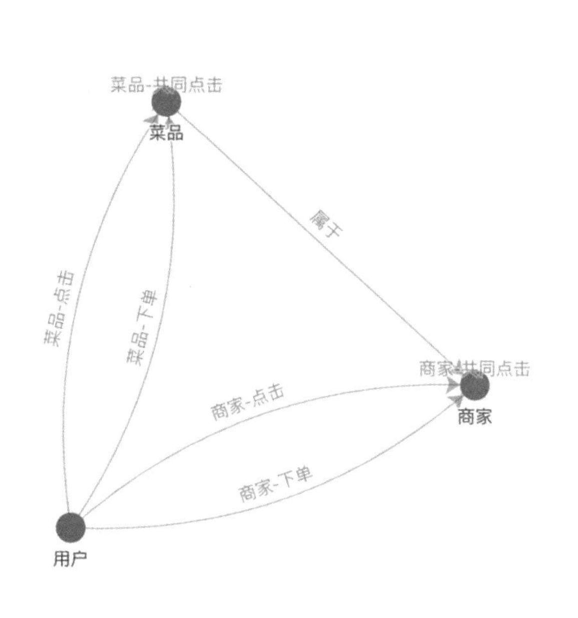

图 5-10　图形化的构图工具

• 实验管理：确定图数据之后，建模方案和训练策略是影响最终效果的关键。例如，应该用何种图神经网络模型？损失函数如何选取？模型超参和训练超参如何确定？这些问题也需要经过大量实验才能回答。基于Tulong框架，建模方案和训练策略可以通过一组配置来控制。图学习平台提供配置的可视化编辑器和版本管理功能，方便比较不同的方案的优劣。

• 流程管理：有了图数据集和建模/训练方案后，还需要让整个流程自动化。这是模型上线的必要条件，同时也有利于团队成员复现彼此的方案。图学习平台针对常见的“构图、训练、评测、导出”流程提供了自动化的调度，在适当的时候可以复用前一阶段的结果，以提升效率。例如，如果数据集的定义没有变化，可以跳过Spark构图阶段直接使用已有的图数据。此外，针对模型上线的需求，平台提供构图和建模方案整合和定时调度等功能。

第六章　基于 TensorFlow Serving 的深度学习在线预估

一、前言

随着深度学习在图像、语言、广告点击率通过预估等各个领域不断发展，很多团队开始探索深度学习技术在业务层面的实践与应用。而在广告点击通过率预估方面，新模型也是层出不穷：Wide and Deep、DeepCross Network、DeepFM、xDeepFM，很多篇深度学习博客也做了详细的介绍。但是，当离线模型需要上线时，就会遇到各种新的问题：离线模型性能能否满足线上要求、模型预估如何镶入原有工程系统等。只有准确地理解深度学习框架，才能更好地将深度学习部署到线上，从而兼容原工程系统、满足线上性能要求。

本章首先介绍某平台用户增长组业务场景及离线训练流程，然后主要介绍使用 TensorFlow Serving 部署 WDL 模型到线上的全过程，以及如何优化线上服务性能。

二、业务场景及离线流程

（一）业务场景

在广告精排的场景下，针对每个用户，最多会有几百个广告召回，模型根据用户特征与每一个广告相关特征，分别预估该用户对每条广告的点击率，从而进行排序。由于广告交易平台（AdExchange）对于 DSP 的超时时间限制，排序模块平均响应时间必须控制在 10 毫秒以内，同时需要根据预估点击率参与实时竞价，因此对模型预估性能要求比较高。

（二）离线训练

在离线数据方面，使用Spark生成TensorFlow原生态的数据格式tfrecord，加快数据读取。

在模型方面，使用经典的Wide and Deep模型，特征包括用户维度特征、场景维度特征、商品维度特征。Wide部分有80多特征输入，Deep部分有60多特征输入，经过Embedding输入层大约有600个维度，之后是3层256等宽全连接，模型参数一共有35万参数，对应导出模型文件大约为11 M。

在离线训练方面，使用TensorFlow同步 + Backup Workers的分布式框架，解决异步更新延迟和同步更新性能低的问题。

在分布式PS参数分配方面，使用GreedyLoadBalancing方式，根据预估参数大小分配参数，取代Round Robin取模分配的方法，可以使各个PS负载均衡。

在计算设备方面，我们发现只使用CPU而不使用GPU，训练速度会更快，这主要是因为尽管GPU在计算方面性能可能会提升，但是却增加了CPU与GPU之间数据传输的性能损耗，当模型计算并不太复杂时，只使用CPU效果会更好些。

同时我们使用了Estimator高级接口，将数据读取、分布式训练、模型验证、TensorFlow Serving模型导出进行封装。

使用Estimator的主要好处在于以下三点：

（1）单机训练与分布式训练可以很简单地切换，而且在使用不同设备如CPU、GPU、TPU时，无须修改过多的代码。

（2）Estimator的框架十分清晰，便于开发者之间的交流。

（3）初学者还可以直接使用一些已经构建好的Estimator模型，如图神经网络模型、XGBoost模型、线性模型等。

三、TensorFlow Serving及性能优化

（一）TensorFlow Serving介绍

TensorFlow Serving是一个用于机器学习模型Serving的高性能开源库，

它可以将训练好的机器学习模型部署到线上，使用 gRPC 作为接口接受外部调用。TensorFlow Serving 支持模型热更新与自动模型版本管理，具有非常灵活的特点。

图 6-1 为 TensorFlow Serving 整个框架图。用户（CLIENT）端会不断给 Manager 发送请求，Manager 会根据版本管理策略管理模型更新，并将最新的模型计算结果返回给用户（CLIENT）端。

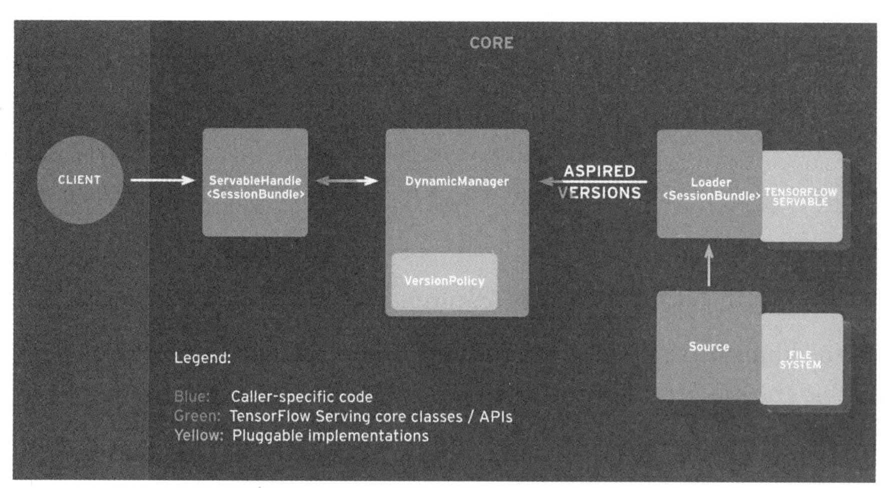

图 6–1　TensorFlow Serving 架构图

在我们站外广告精排的场景下，每来一位用户时，线上请求端会把该用户和召回所得 100 个广告的所有信息，转化成模型输入格式，然后作为一个批处理发送给 TensorFlow Serving，TensorFlow Serving 接收请求后，经过计算得到点击通过率预估值，再返回给请求端。

部署 TensorFlow Serving 的第一版时，QPS 大约 200，打包请求需要 5 毫秒，网络开销需要固定 3 毫秒左右，仅模型预估计算需要 10 毫秒，整个过程的 TP50 线大约 18 毫秒，性能完全达不到线上的要求。接下来详细介绍性能优化的过程。

（二）性能优化

1. 请求端优化

线上请求端优化主要是对 100 个广告进行并行处理，我们使用 OpenMP

多线程并行处理数据，将请求时间性能从 5 毫秒降低到 2 毫秒。

```
#pragma omp parallel for
for (int i = 0; i < request->ad_feat_size(); ++i) {
    tensorflow::Example example;
    data_processing();
}
```

2. 构建模型 OPS 优化

在没有进行优化之前，模型的输入是未进行处理的原格式数据。例如，渠道特征取值可能为“渠道 1”“渠道 2”这样的字符串格式，然后在模型里面做 One Hot 处理。

最初模型使用了大量的高阶 tf.feature_column 对数据进行处理，转为 One Hot 和 embedding 格式。使用 tf.feature_column 的好处是，输入时不需要对原数据做任何处理，可以通过 feature_column 接口在模型内部对特征做很多常用的处理。例如：tf.feature_column.bucketized_column 可以做分桶，tf.feature_column.crossed_column 可以对类别特征做特征交叉。但特征处理的压力就放在了模型里。

为了进一步分析使用 feature_column 的耗时，我们使用 tf.profiler 工具，对整个离线训练流程耗时做了分析。在 Estimator 框架下使用 tf.profiler 是非常方便的，只需加一行代码即可。

```
with tf.contrib.tfprof.ProfileContext(job_dir + '/tmp/train_dir') as pctx:
  estimator = tf.estimator.Estimator(model_fn=get_model_fn(job_dir),
                                     config=run_config,
                                     params=hparams)
```

为了解决特征在模型内做处理耗时大的问题，我们在处理离线数据时，把所有字符串格式的原生数据提前做好 One Hot 的映射，并且把映射关系落到本地 feature_index 文件，进而供线上线下使用。这样就相当于把原本需要在模型端计算 One Hot 的过程省略掉，替代为使用词典做 O(1) 的查找。同时在构建模型时，使用更多性能有保证的低阶接口替代 feature_column 这样的高阶接口。性能优化后，前向传播耗时在整个训练流程的占比降低了很多。

3. XLA，JIT 编译优化

TensorFlow 采用有向数据流图来表达整个计算过程，其中 Node 代表着操作（OPS），数据通过 Tensor 的方式来表达，不同 Node 间有向的边表示数据流动方向，整个图就是有向的数据流图。

加速线性代数（accelerated linear algebra, XLA）是一种专门对 TensorFlow 中线性代数运算进行优化的编译器，当打开准时制（just in time, JIT）编译模式时，便会使用加速线性代数编译器。

首先，TensorFlow 整个计算图会经过优化，图中冗余的计算会被剪掉；其次，高级优化器（high level optimizer, HLO）会将优化后的计算图生成高级优化器的原始操作，加速线性代数编译器会对高级优化器的原始操作进行一些优化；最后，交给 LLVM IR 根据不同的后端设备，生成不同的机器代码。

准时制的使用，有助于 LLVM IR 根据高级优化器原始操作生成更高效的机器码；同时，对于多个可融合的高级优化器原始操作，会融合成一个更加高效的计算操作。但是准时制的编译是在代码运行时进行编译，这也意味着运行代码时会有一部分额外的编译开销。

从不同网络结构、不同批处理规模（batch size）下使用准时制编译后与不使用准时制编译的耗时之比可以看出，较大的批处理规模性能优化比较明显，层数与神经元个数变化对准时制编译优化影响不大。

在实际的应用中，具体效果会因网络结构、模型参数、硬件设备等原因而异。

4. 最终性能

经过上述一系列的性能优化，模型预估时间从开始的 10 毫秒降低到 1.1 毫秒，请求时间从 5 毫秒降到 2 毫秒。整个流程从打包发送请求到收到结果，耗时大约 6 毫秒。

（三）模型切换毛刺问题

通过监控发现，当模型进行更新时，会有大量的请求超时。每次更新都会导致大量请求超时，对系统的影响较大。通过 TensorFlow Serving 日志和代码分析发现，超时问题主要源于两个方面：一方面，更新、加载模型和处理 TensorFlow Serving 请求的线程共用一个线程池，导致切换模型时候无法处理请求；另一方面，模型加载后，计算图采用 Lazy Initialization 方式，导致第一次请求需要等待计算图初始化。

问题一主要是因为加载和卸载模型线程池配置问题，在源代码中：

```
uint32 num_load_threads = 0; uint32 num_unload_threads = 0;
```

这两个参数默认为 0，表示不使用独立线程池，和 Serving Manager 在同一个线程中运行。修改成 1 便可以有效解决此问题。

模型加载的核心操作为 RestoreOp，包括从存储读取模型文件、分配内存、查找对应的 Variable 等操作，其通过调用 Session 的运行方法来执行。而在默认情况下，一个进程内的所有 Session 的运算均使用同一个线程池。所以导致模型加载过程中加载操作和处理 Serving 请求的运算使用同一线程池，导致 Serving 请求延迟。解决方法是通过配置文件设置，可构造多个线程池，模型加载时指定使用独立的线程池执行加载操作。

对于问题二，模型首次运行耗时较长的问题，采用在模型加载完成后提前进行一次 Warm Up 运算的方法，可以避免在请求时运算影响请求性能。这里使用 Warm Up 的方法是，根据导出模型时设置的签名（Signature），拿出输入数据的类型，然后构造出假的输入数据来初始化模型。

通过上述两方面的优化，模型切换后请求延迟问题得到很好的解决。切换模型时毛刺由原来的 84 毫秒降低为 4 毫秒左右。

第七章　外卖广告大规模深度学习模型实践

在外卖广告点击通过率场景下，深度学习模型正在从简单的图神经网络小模型过渡到万亿参数的复杂模型。基于该背景，本章将重点针对大规模深度模型在全链路带来的挑战，从在线时延、离线效率两个方面展开，阐述外卖广告在大规模深度模型上的工程实践经验。

一、导语

随着外卖业务不断发展，外卖广告引擎团队在多个领域进行了工程上的探索和实践，也取得了一些成果，内容主要包括：业务平台化的实践、大规模深度学习模型工程实践、近线计算的探索与实践、大规模索引构建与在线检索服务实践、机制工程平台化实践。

下面将重点针对大规模深度模型在全链路层面带来的挑战，从在线时延、离线效率两个方面进行展开，阐述广告在大规模深度模型上的工程实践。

二、背景

在搜索、推荐、广告（以下简称“搜推广”）等互联网核心业务场景下进行数据挖掘及兴趣建模，为用户提供优质的服务，已经成为改善用户体验的关键要素。近几年，针对搜推广业务，深度学习模型凭借数据红利和硬件技术红利，在业界得以广泛落地，同时在点击通过率场景，业界逐步从简单的图神经网络小模型过渡到数万亿参数的 Embedding 大模型甚至超大模型。

外卖广告业务线主要经历了“ LR 浅层模型（树模型）—深度学习模型—大规模深度学习模型”的演化过程。整个演化趋势从以人工特征为主的简单模型，逐步向以数据为核心的复杂深度学习模型过渡。而大模型的使用，大幅提高了模型的表达能力，更精准地实现了供需侧的匹配，为后续业务发展提供了更多的可能性。但随着模型规模、数据规模的不断变大，我们发现效率跟它们存在如下的关系：

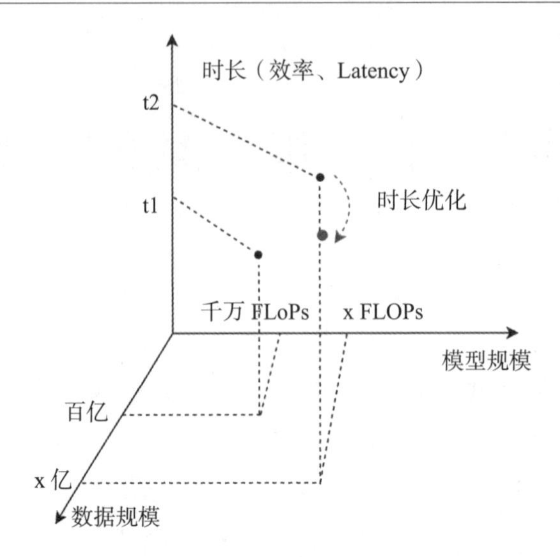

图 7-1　效率与模型规模、数据规模的关系图

根据图 7-1 所示，在数据规模、模型规模增长的情况下，所对应的“时长”会变得越来越长。这个“时长”对应到离线层面，体现在效率上；对应到在线层面，就体现在延迟（latency）上。而我们的工作就是围绕这个“时长”的优化来开展。

三、分析

相比普通小模型，大模型的核心问题在于：随着数据规模、模型规模增加数十倍甚至百倍，整体链路上的存储、通信、计算等都将面临新的挑战，进而影响算法离线的迭代效率。如何突破在线时延约束等一系列问题？先从全链路进行分析，如图 7-2 所示。

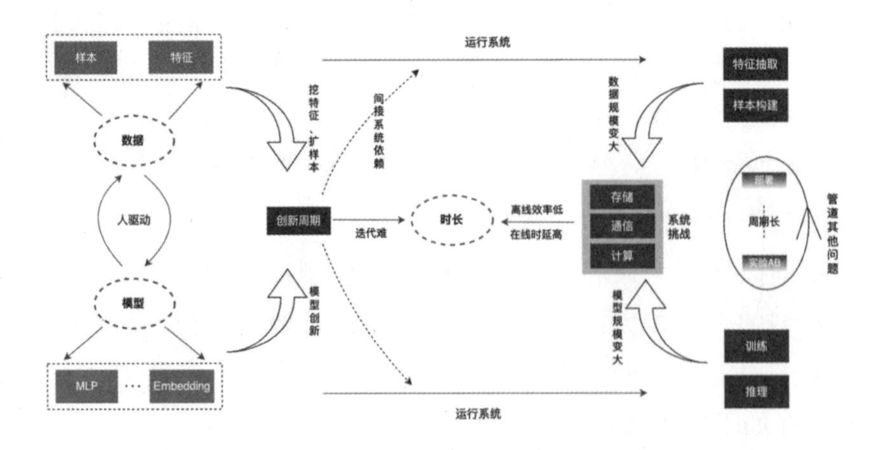

图 7-2　大模型的整体链路示意图

“时长”变长，主要会体现在以下几个方面：

• 在线时延：特征层面，在线请求不变的情况下，特征量的增加，带来的I/O、特征计算耗时增加等问题尤为突出，需要在特征算子解析编译、特征抽取内部任务调度、网络 I/O 传送等方面重塑。在模型层面，模型历经百兆 / 吉到几百吉的变化，在存储上带来了两个数量级的上升。此外，单模型的计算量也出现了数量级的上涨（FLOPs 从百万到现在千万），单纯地靠 CPU 解决不了巨大算力的需求，建设 CPU+GPU+Hierarchical Cache 推理架构来支撑大规模深度学习推理势在必行。

• 离线效率：随着样本、特征的数倍增加，样本构建、模型训练的时间会被大大拉长，甚至会变得不可接受。如何在有限的资源下解决海量样本构建、模型训练是系统的首要问题。在数据层面，业界一般从两个层面去解决：一方面，不断优化批处理过程中掣肘的点；另一方面，把数据“化批为流”，由集中式转到分摊式，极大提升数据的就绪时间。在训练层面，首先，通过硬件GPU 并结合架构层面的优化，来达到加速目的。其次，算法创新往往都是通过人来驱动，新数据如何快速匹配模型，新模型如何快速被其他业务应用，如果说将 N 个人放在 N 条业务线上独立地做同一个优化，演变成一个人在一个业务线的优化，同时广播适配到 N 个业务线，将会有 N−1 个人力释放出来做新的创新，这将会极大地缩短创新的周期，尤其是在整个模型规模变大后，不可避免地会增加人工迭代的成本，实现从“人找特征 / 模型”到“特征 / 模型找人”的深度转换，减少“重复创新”，从而达到模型、数据智能化的匹配。

• 流水线（Pipeline）其他问题：机器学习流水线并不是在大规模深度学习模型链路里才有，但随着大模型的铺开，将会有新的挑战。比如：① 系统流程如何支持全量、增量上线部署；② 模型的回滚时长，把事情做正确的时长，以及事情做错后的恢复时长。简而言之，会在开发、测试、部署、监测、回滚等方面产生新的诉求。

本章重点从在线时延（模型推理、特征服务）、离线效率（样本构建、数据准备）等两个方面来展开，逐步阐述广告在大规模深度模型上的工程实践。

四、模型推理

在模型推理层面，外卖广告历经了三个版本，从 1.0 时代，支持小众规模的图神经网络模型为代表，到2.0时代，高效、低代码支持多业务迭代，再到如今的3.0时代，逐步面向深度学习图神经网络算力及大规模存储的需求。主要演进趋势如图7-3所示。

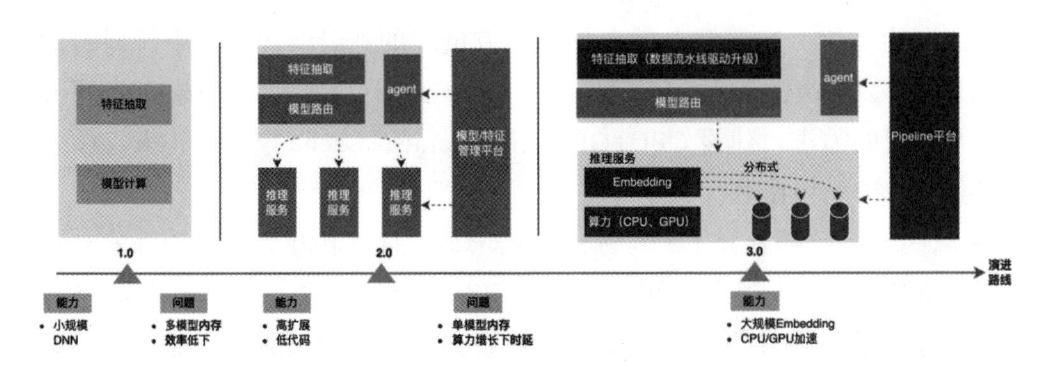

图7–3 模型推理演进趋势图

面向大模型推理场景，3.0架构解决的两个核心问题是“存储问题”和“性能问题”。当然，面向多个百吉以上模型如何迭代、运算量数十倍增加时在线稳定性如何保障、流水线如何加固等，也是工程面临的挑战。下面将重点介绍模型推理3.0架构如何通过“分布式”来解决大模型存储问题，以及如何通过CPU/GPU加速来解决性能、吞吐问题。

（一）分布式

大模型的参数主要分为两部分：Sparse参数和Dense参数。

• Sparse参数：参数量级很大，一般在亿级别，甚至十亿/百亿级别，这会导致存储空间占用较大，通常在百吉级别，甚至太级别，其特点如下。①单机加载困难：在单机模式下，Sparse参数需全部加载到机器内存中，导致内存严重吃紧，影响稳定性和迭代效率；②读取稀疏：每次推理计算，只需读取部分参数，比如User全量参数在2亿级别，但每次推理请求只需读取1个User参数。

• Dense参数：参数规模不大，模型全连接一般在2~3层，参数量级在百万/千万级别，特点如下。①单机可加载：Dense参数占用在几十兆左右，单机内存可正常加载，比如：输入层为2 000，全连接层为[1 024, 512, 256]，总参数为：2 000×1 024＋1 024×512＋512×256＋256=2 703 616，共270万个参数，内存占用在百兆内；②全量读取：每次推理计算，需要读取全量参数。

因此，解决大模型参数规模增长的关键是将 Sparse 参数由单机存储改造为分布式存储，改造的方式包括两部分：① 模型网络结构转换；② Sparse 参数导出。

1. 模型网络结构转换

业界对于分布式参数的获取方式大致分为两种：外部服务提前获取参数并传给预估服务；预估服务内部通过改造 TF（TensorFlow）算子来从分布式存储获取参数。为了减少架构改造成本和降低对现有模型结构的侵入性，我们选择通过改造 TF 算子的方式来获取分布式参数。

在正常情况下，TF 模型会使用原生算子进行 Sparse 参数的读取，其中核心算子是 GatherV2 算子，算子的输入主要有两部分：① 需要查询的 id 列表；② 存储 Sparse 参数的 Embedding 表。算子的作用是从 Embedding 表中读取 id 列表索引对应的 Embedding 数据并返回，本质上是一个哈希查询的过程。其中，Embedding 表存储的 Sparse 参数，其在单机模型中全部存储在单机内存中。

改造 TF 算子本质上是对模型网络结构的改造，改造的核心点主要包括两部分：① 网络图重构；② 自定义分布式算子。

（1）网络图重构：改造模型网络结构，将原生 TF 算子替换为自定义分布式算子，同时进行原生 Embedding 表的固化（见图 7-4）。

• 分布式算子替换：遍历模型网络，将需要替换的 GatherV2 算子替换为自定义分布式算子 MtGatherV2，同时修改上下游节点的 I/O。

• 原生 Embedding 表固化：原生 Embedding 表固化为占位符，既能保留模型网络结构完整，又能避免 Sparse 参数对单机内存的占用。

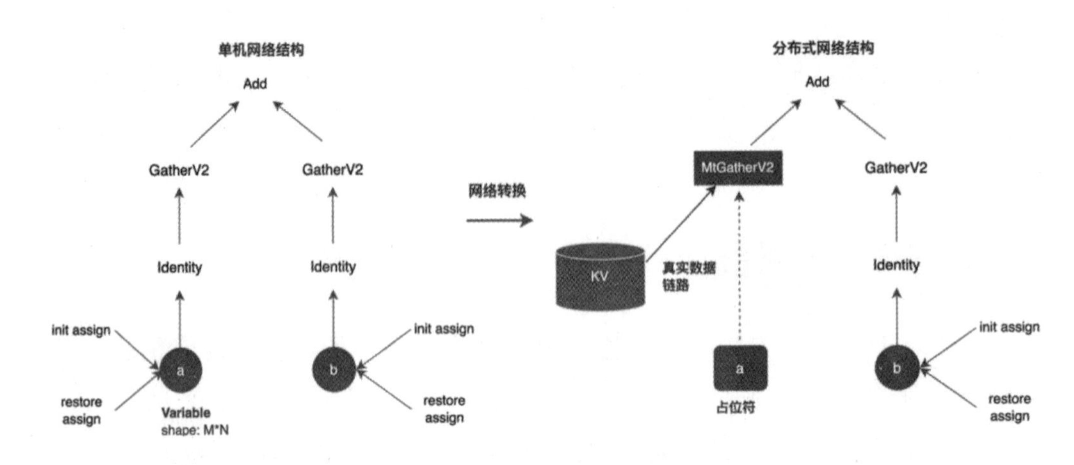

图 7–4 网络图重构

（2）自定义分布式算子：改造根据 id 列表查询 Embedding 流程，从本地 Embedding 表中查询，改造为从分布式键值（KV）中查询（见图 7-5）。

• 请求查询：将输入 id 进行去重以降低查询量，并通过分片的方式并发查询二级缓存（本地 Cache + 远端键值）获取 Embedding 向量。

• 模型管理：维护对模型 Embedding Meta 注册、卸载流程，以及对缓存的创建、销毁功能。

• 模型部署：触发模型资源信息的加载，以及对 Embedding 数据并行导入键值的流程。

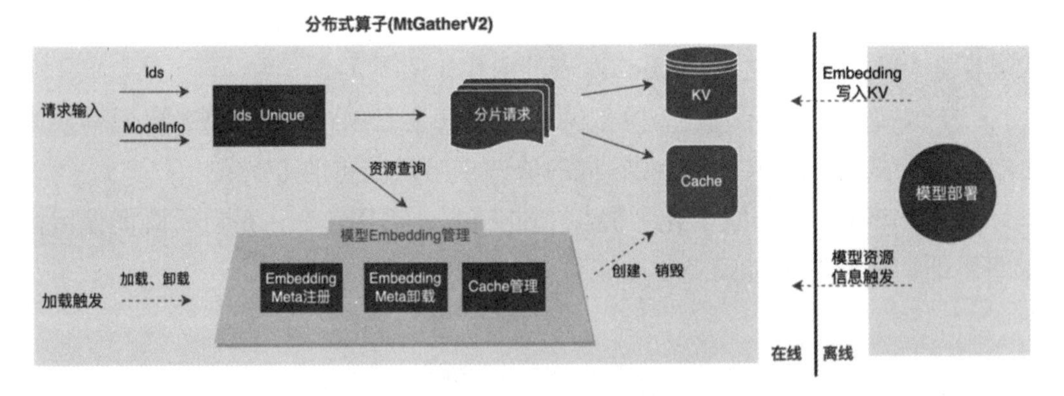

图 7–5 自定义分布式算子

2. Sparse 参数导出

• 分片并行导出：解析模型的 Checkpoint 文件，获取 Embedding 表对应的

Part 信息，并根据 Part 进行划分，将每个 Part 文件通过多个 Worker 节点并行导出到 HDFS 上。

• 导入键值：预分配多个桶（bucket），桶会存储模型版本等信息，便于在线路由查询。同时模型的 Embedding 数据也会存储到桶中，按分片并行方式导入键值中。

整体流程如图 7-6 所示，我们通过离线分布式模型结构转换、近线数据一致性保证、在线热点数据缓存等手段，保障了百吉大模型的正常迭代需求。

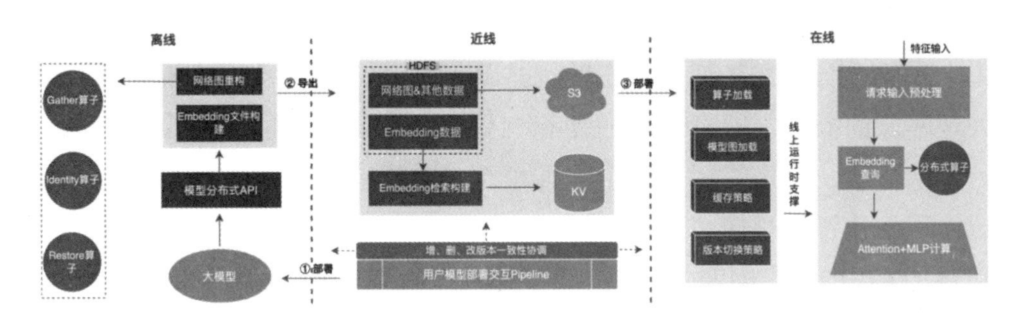

图 7–6　Sparse 参数导出流程图

可以看到，分布式借助的存储是外部键值能力，后续会替换为更加高效、灵活、易管理的 Embedding Service。

（二）CPU 加速

抛开模型本身的优化手段外，常见的 CPU 加速手段主要有两种：① 指令集优化，比如使用 AVX2、AVX512 指令集；② 使用加速库（TVM、OpenVINO）。

（1）指令集优化：如果使用 TensorFlow 模型，在编译 TensorFlow 框架代码时，直接在编译选项里加入指令集优化项即可。实践证明，引入 AVX2、AVX512 指令集优化效果明显，在线推理服务吞吐提升超过 30%。

（2）加速库优化：加速库通过对网络模型结构进行优化融合，以达到推理加速效果。业界常用的加速库有 TVM、OpenVINO 等，其中 TVM 支持跨平台，通用性较好。OpenVINO 面向 Intel 厂商硬件进行针对性优化，通用性一般，但加速效果较好。

下面，将会重点介绍使用 OpenVINO 进行 CPU 加速的一些实践经验。OpenVINO 是 Intel 推出的一套基于深度学习的计算加速优化框架，支持机器学习模型的压缩优化、加速计算等功能。OpenVINO 的加速原理简单概括为两部分：线性算子融合和数据精度校准。

（1）线性算子融合：OpenVINO 通过模型优化器，将模型网络中的多层算子进行统一线性融合，以降低算子调度开销和算子间的数据访存开销，比如将 Conv、BN、Relu 三个算子合并成一个 CBR 结构算子。

（2）数据精度校准：模型经过离线训练后，由于在推理的过程中不需要反向传播，完全可以适当降低数据精度，比如降为 FP16 或 INT8 的精度，从而使得内存占用更小，推理延迟更低。

CPU 加速通常是针对固定批处理的候选队列进行加速推理，但在搜推广场景中，候选队列往往都是动态的。这就意味着在模型推理之前，需要增加批处理匹配的操作，即将请求的动态批处理候选队列映射到一个离它最近的批处理模型上，但这需构建多个匹配模型，导致内存占用成倍增长。而当前模型体积已达百吉规模，内存严重吃紧。因此，选取合理的网络结构用于加速是需要考虑的重点问题。图 7-7 是整体的运行架构。

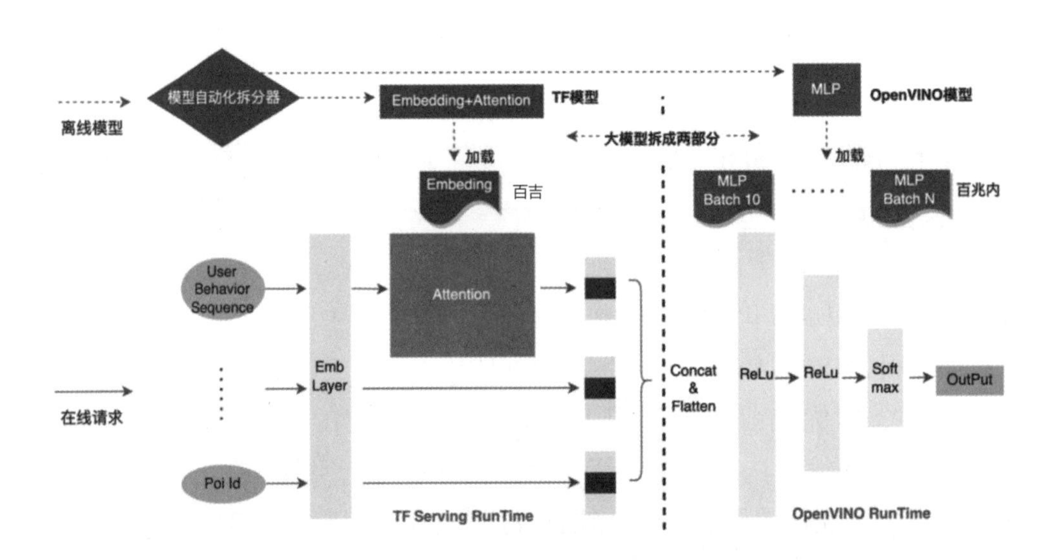

图 7-7　CPU 加速运行架构图

（1）网络分布：CTR 模型网络结构整体抽象为三部分：Embedding 层、Attention 层和 MLP 层，其中 Embedding 层用于数据获取，Attention 层包含较多逻辑运算和轻量级的网络计算，MLP 层则为密集网络计算。

（2）加速网络选择：OpenVINO 针对纯网络计算的加速效果较好，可以很好地应用于 MLP 层。另外，模型大部分数据存储在 Embedding 层中，MLP 层占用内存只有几十兆。如果针对 MLP 层网络划分出多个批处理，模型内存占用在优化前（Embedding+Attention+MLP）≈ 优化后（Embedding+Attention+MLP × 批处理个数），对于内存占用的影响较小。因此，我们最终选取 MLP 层网络作为模型加速网络。

目前，基于 OpenVINO 的 CPU 加速方案已经在生产环境取得不错效果：CPU 与基线持平时，服务吞吐提升 40%，平均时延下降 15%。如果想在 CPU 层面做些加速的话，OpenVINO 是个不错的选择。

（三）GPU 加速

一方面，随着业务的发展，业务形态越来越丰富，流量越来越高，模型变宽、变深，算力的消耗急剧增加；另一方面，广告场景主要使用图神经网络模型，涉及大量稀疏特征 Embedding 和神经网络浮点运算。作为访存和计算密集型的线上服务，在保证可用性的前提下，还要满足低延迟、高吞吐的要求，对单机算力也是一种挑战。这些算力资源需求和空间的矛盾，如果解决不好，会极大限制业务的发展：在模型加宽、加深前，纯 CPU 推理服务能够提供可观的吞吐，但是在模型加宽、加深后，计算复杂度上升，为了保证高可用性，需要消耗大量机器资源，导致大模型无法大规模应用于线上。

目前，业界通常利用 GPU 来解决这个问题，GPU 本身比较适用于计算密集型任务。使用 GPU 需要解决如下挑战：如何在保证可用性、低延迟的前提下，尽可能做到高吞吐，同时还需要考虑易用性和通用性。为此，我们也在 GPU 上做了大量的实践工作，比如 TensorFlow-GPU、TensorFlow-TensorRT、TensorRT 等，为了兼顾 TF 的灵活性及 TensorRT 的加速效果，我们采用 TensorFlow+TensorRT 独立两阶段的架构设计。

1. 加速分析

• 异构计算：我们的思路跟 CPU 加速比较一致，200 G 的深度学习 CTR 模型不能直接全放入 GPU 里，访存密集型算子适用（比如 Embedding 相关操作）CPU，计算密集型算子（比如 MLP）适用 GPU。

• GPU 使用需要关注的几个点：① 内存与显存的频繁交互；② 时延与吞吐；③ 扩展性与性能优化的权衡；④ GPU 使用率限制。

• 推理引擎的选择：业界常用推理加速引擎有 TensorRT、TVM、XLA、ONNXRuntime 等，由于 TensorRT 在算子优化方面相比其他引擎更加深入，同时可以通过自定义插件的方式实现任意算子，具有很强的扩展性。而且TensorRT支持常见学习平台（Caffe、PyTorch、TensorFlow等）的模型，其周边越来越完善（模型转换工具onnx-tensorrt、性能分析工具nsys等），因此在GPU侧的加速引擎使用TensorRT。

- 模型分析：CTR模型网络结构整体抽象为三部分：Embedding层、Attention层和MLP层，其中Embedding层用于数据获取，适合CPU；Attention层包含较多逻辑运算和轻量级的网络计算，MLP层则重网络计算，而这些计算可以并行进行，适合GPU，可以充分利用GPU Core（Cuda Core、Tensor Core），提高并行度。

2. 优化目标

深度学习推理阶段对算力和时延具有很高的要求，如果将训练好的神经网络直接部署到推理端，很有可能出现算力不足而无法运行或者推理时间较长等问题。因此，我们需要对训练好的神经网络进行一定的优化。业界神经网络模型优化的一般思路，可以从模型压缩、不同网络层合并、稀疏化、采用低精度数据类型等不同方面进行优化，甚至还需要根据硬件特性进行针对性优化。为此，我们主要围绕以下两个目标进行优化。

（1）延时和资源约束下的吞吐：当寄存器（register）、缓存等共享资源不需要竞争时，提高并发可有效提高资源利用率（CPU、GPU等利用率），但随之可能带来请求延时的增加。由于在线系统的延时限制非常苛刻，所以不能只通过资源利用率这一指标简单换算在线系统的吞吐上限，需要在延时约束下结合资源上限进行综合评估。当系统延时较低，资源（内存/CPU/GPU等）利用率是制约因素时，可通过模型优化降低资源利用率；当系统资源利用率均较低，延时是制约因素时，可通过融合优化和引擎优化来降低延时。通过结合以上各种优化手段，可有效提升系统服务的综合能力，进而达到提升系统吞吐的目的。

（2）计算量约束下的计算密度：在CPU/GPU异构系统下，模型推理性能主要受数据拷贝效率和计算效率影响，它们分别由访存密集型算子和计算密集型算子决定，而数据拷贝效率受PCIe数据传输、CPU/GPU内存读写等效率的影响，计算效率受各种计算单元CPU Core、CUDA Core、Tensor Core等计算效率的影响。随着GPU等硬件的快速发展，计算密集型算子的处理能力同步快速提高，导致访存密集型算子阻碍系统服务能力提升的现象越来越突出，因此减少访存密集型算子，提升计算密度对系统服务能力也变得越来越重要，即在模型计算量变化不大的情况下，减少数据拷贝和内核启动等。比如通过模型优化和融合优化来减少算子变换（如 Cast、Unsqueeze、Concat 等算子）的使用，使用 CUDA Graph 减少内核启动等。

下面将围绕以上两个目标，具体介绍在模型优化、融合优化和引擎优化所做的一些工作。

3. 模型优化

（1）计算与传输去重：推理时同一批处理只包含一个用户信息，因此在进行推理之前可以将用户信息从批处理规模降为 1，真正需要推理时再进行展开，降低数据的传输拷贝及重复计算开销。如图 7-8 所示，推理前可以只查询一次用户类特征信息，并在只有用户相关的子网络中进行裁剪，待需要计算关联时再展开。

• 自动化过程：找到重复计算的节点（红色节点），如果该节点的所有叶子节点都是重复计算节点，则该节点也是重复计算节点，由叶子节点逐层向上查找所有重复节点，直到节点查找完，找到所有红白节点的连接线，插入用户特征扩展节点，对用户特征进行展开。

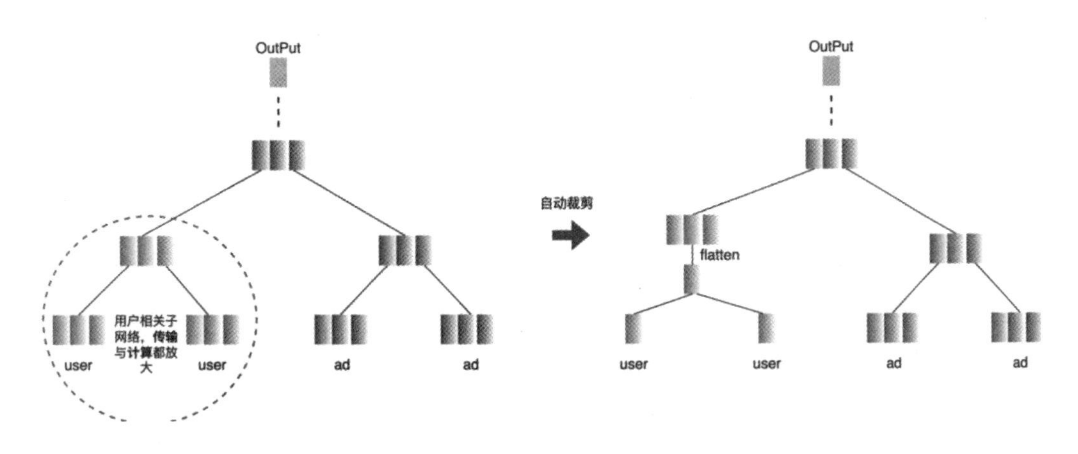

图 7–8 只查询一次用户信息，并裁剪

（2）数据精度优化：由于模型训练时需要反向传播更新梯度，对数据精度要求较高；而模型推理时，只进行前向推理，不需要更新梯度，所以在保证效果的前提下，使用 FP16 或混合精度进行优化，节省内存空间，减少传输开销，提升推理性能和吞吐。

（3）计算下推：CTR模型结构主要由Embedding、Attention和MLP三层构成，Embedding层偏数据获取，Attention层有部分偏逻辑、部分偏计算，为了充分发掘GPU的潜力，将CTR模型结构中Attention层和MLP层大部分计算逻辑由CPU下沉到GPU进行计算，整体吞吐得到大幅提升。

4. 融合优化

在线模型推理时，每一层的运算操作都是由GPU完成的，实际上是CPU通过启动不同的CUDA内核来完成计算，CUDA内核计算张量的速度非常快，但是往往大量的时间浪费在CUDA内核的启动和对每一层输入/输出张量的读写操作上，这造成了内存带宽的瓶颈和GPU资源的浪费。这里将主要介绍TensorRT部分自动优化及手工优化两部分工作。

（1）自动优化：TensorRT是一个高性能的深度学习推理优化器，可以为深度学习应用提供低延迟、高吞吐的推理部署。TensorRT可用于对超大规模模型、嵌入式平台或自动驾驶平台进行推理加速。TensorRT现已能支持TensorFlow、Caffe、MXNet、PyTorch等几乎所有的深度学习框架，将TensorRT和NVIDIA的GPU结合起来，能在几乎所有的框架中进行快速和高效的推理部署。而且有些优化不需要用户过多参与，比如部分Layer Fusion、Kernel Auto-Tuning等。

• 层融合（layer fusion）：TensorRT通过对层间的横向或纵向合并，使网络层的数量大大减少，简单说就是通过融合一些计算op或者去掉一些多余op，来减少数据流通次数、显存的频繁使用及调度的开销。比如常见网络结构卷积和元素运算融合、CBR融合等，图7-9是整个网络结构中的部分子图融合前后结构图，FusedNewOP在融合过程中可能会涉及多种策略，如CudnnMLPFC、CudnnMLPMM、CudaMLP等，最终会根据时长选择一个最优的策略作为融合后的结构。通过融合操作，使得网络层数减少、数据通道变短；相同结构合并，使数据通道变宽，达到更加高效利用GPU资源的目的。

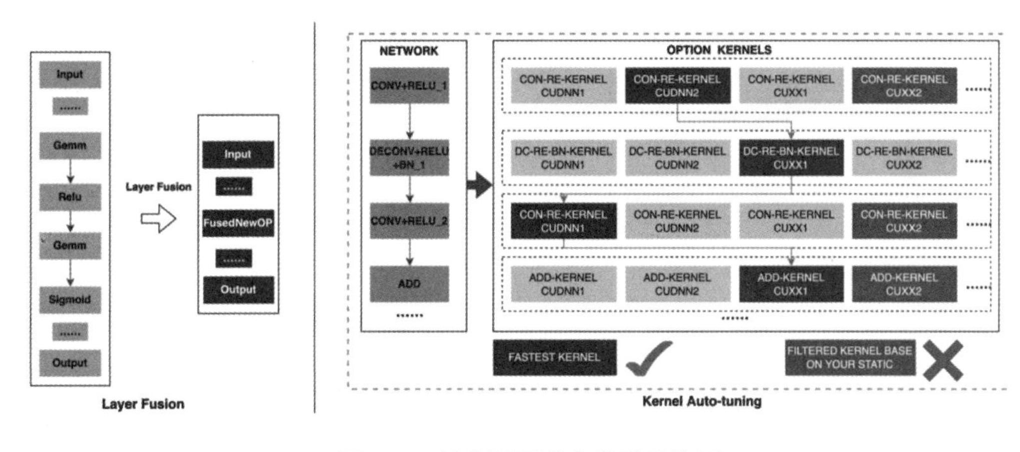

图 7–9　部分子图融合前后结构图

• 内核自动调整（kernel auto-tuning）：网络模型在推理时，是调用 GPU 的 CUDA 内核进行计算的。TensorRT 可以针对不同的网络模型、显卡结构、SM 数量、内核频率等进行 CUDA 内核调整，选择不同的优化策略和计算方式，寻找适合当前的最优计算方式，以保证当前模型在特定平台上获得最优的性能。图 7-9 是部分子图融合前后结构，每一个 op 会有多种内核优化策略（cuDNN、cuBLAS 等），根据当前架构从所有优化策略中过滤低效内核，同时选择最优内核，最终形成新的网络。

（2）手工优化：众所周知，GPU 适合计算密集型的算子，对于其他类型算子（轻量级计算算子、逻辑运算算子等）不太友好。使用 GPU 计算时，每次运算一般要经过几个流程：CPU 在 GPU 上分配显存—CPU 把数据发送给 GPU—CPU 启动 CUDA 内核—CPU 把数据取回—CPU 释放 GPU 显存。为了减少调度、内核启动及访存等开销，需要进行网络融合。由于 CTR 大模型结构灵活多变，网络融合手段很难统一，只能具体问题具体分析。比如在垂直方向，Cast、Unsqueeze 和 Less 融合，TensorRT 内部 Conv、BN 和 Relu 融合；在水平方向，同维度的输入算子进行融合。为此，我们基于线上实际业务场景，使用 NVIDIA 相关性能分析工具（NVIDIA nsight systems、NVIDIA nsight compute 等）进行具体问题的分析。把这些性能分析工具集成到线上推理环境中，获得推理过程中的 GPU Profing 文件。通过 Profing 文件，可以清晰地看到推理过程，我们发现整个推理中部分算子内核启动绑定现象严重，而且部分算子之间间隙较大，存在优化空间，如图 7-10 所示。

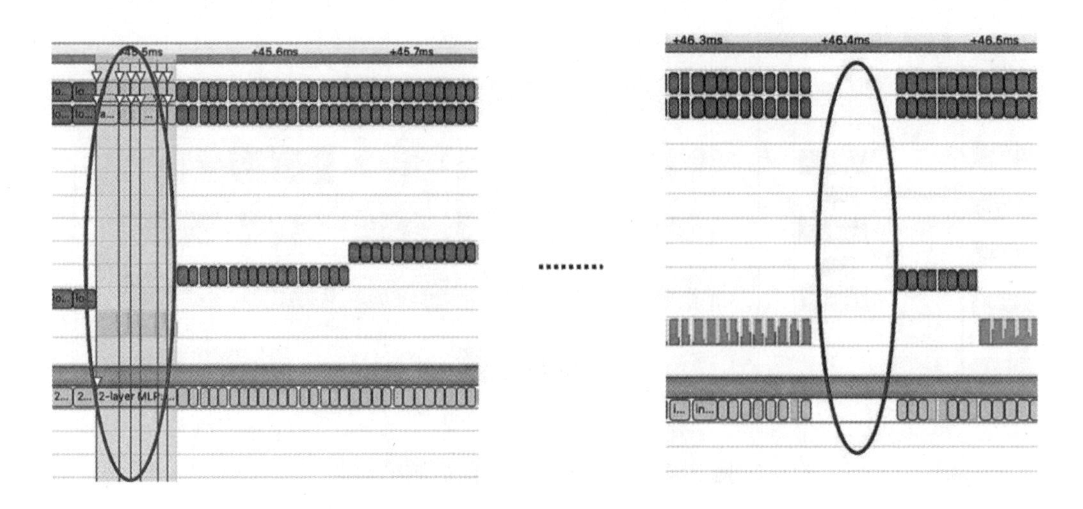

图 7-10　算子之间存在优化空间

为此，基于性能分析工具和转换后的模型对整个网络分析，找出 TensorRT 已经优化的部分，然后对网络中其他可以优化的子结构进行网络融合，同时还要保证这样的子结构在整个网络占有一定的比例，保证融合后计算密度能够有一定程度的提升。至于采用什么样的网络融合手段，根据具体的场景进行灵活运用即可，图 7-11 是我们融合前后的子结构图对比。

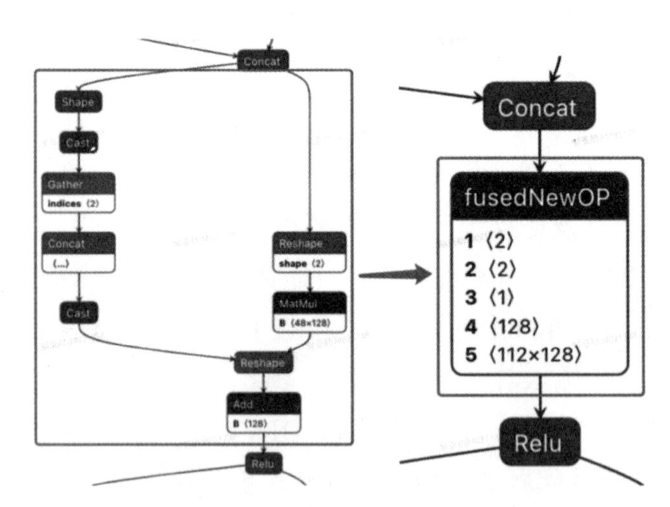

图 7-11　融合前后子结构图对比

5. 引擎优化

（1）多模型：由于外卖广告中用户请求规模不确定，广告时多时少，为此加载多个模型，每个模型对应不同输入的批处理，将输入规模分桶归类划分，并将其覆盖到多个固定批处理，同时对应到相应的模型进行推理。

（2）多上下文（Multi-contexts）和多重流（Multi-streams）：对每一个批处理的模型，使用多上下文和多重流，不仅可以避免模型等待同一上下文的开销，而且可以充分利用多重流的并发性，实现流间的重叠，同时为了更好地解决资源竞争的问题，引入 CAS。如图 7-12 所示，单重流变成多重流：

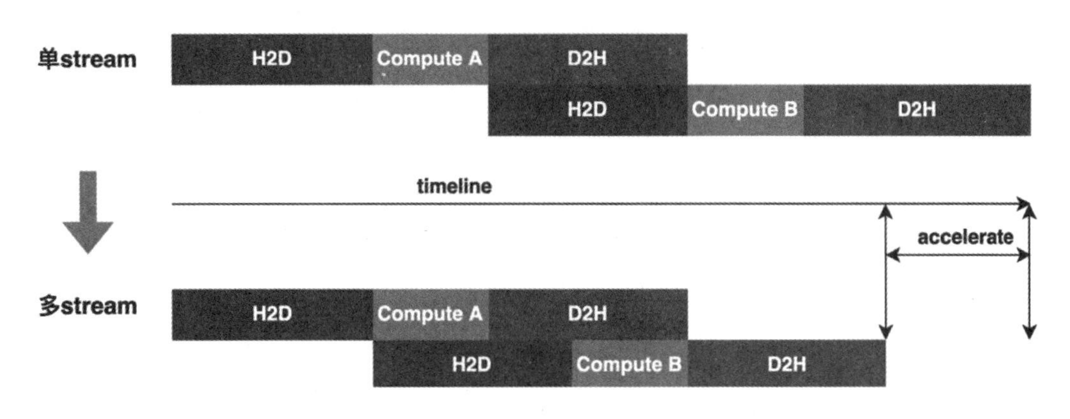

图 7–12 单重流变成多重流

（3）动态输入（dynamic shape）：为了应对输入批处理不定场景下不必要的数据覆盖，同时减少模型数量降低显存等资源的浪费，引入动态输入，模型根据实际输入数据进行推理，减少数据覆盖和不必要的计算资源浪费，最终达到性能优化和吞吐提升的目的。

（4）CUDA Graph：现代 GPU 每个运算（内核运行等）所花费的时间至少是微秒级别，而且将每个运算提交给 GPU 也会产生一些开销（微秒级别）。实际推理时，经常需要执行大量的核运算，这些运算每一个都单独提交到 GPU 并独立计算，如果可以把所有提交启动的开销汇总到一起，应该会带来性能的整体提升。CUDA Graph 可以完成这样的功能，它将整个计算流程定义为一个图而不是单个操作的列表，然后通过提供一种由单个 CPU 操作来启动图上的多个 GPU 操作的方法减少内核提交启动的开销。CUDA Graph 核心思想是减少内核启动的次数，通过在推理前后捕捉图形，根据推理的需要进行更新图形，后续推理时不再需要一次一次地内核启动，只需要图形启动，最终达到减少内核启动次数的目的。如图 7-13 所示，一次推理执行 4 次内核相关操作，通过使用 CUDA Graph 可以清晰看到优化效果。

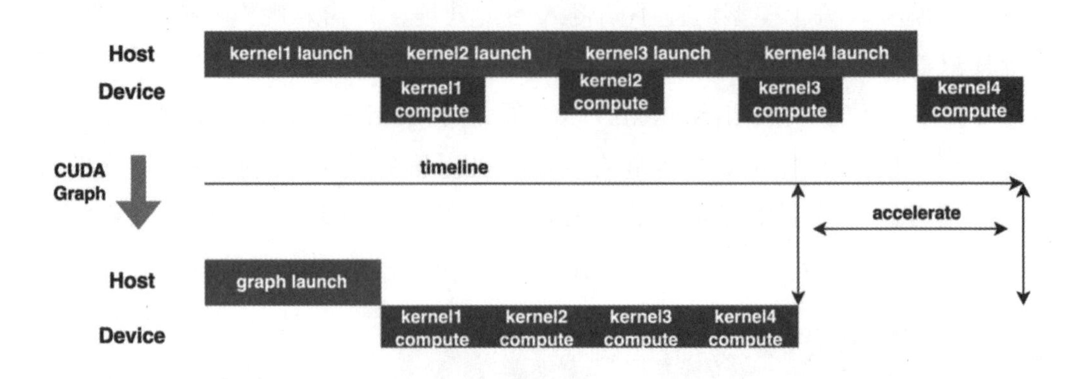

图 7–13 使用 CUDA Traph 的优化效果

（5）多级 PS：为了进一步挖掘 GPU 加速引擎性能，对 Embedding 数据的查询操作可通过多级 PS 的方式进行：GPU 显存 Cache-CPU 内存缓存—本地 SSD/ 分布式键值。其中，热点数据可缓存在 GPU 显存中，并通过数据热点的迁移、晋升和淘汰等机制对缓存数据进行动态更新，充分挖掘 GPU 的并行算力和访存能力进行高效查询。经离线测试，GPU 缓存查询性能相比 CPU 缓存提升十多倍；对于 GPU 缓存未命中数据，可通过访问 CPU 缓存进行查询，两级缓存可满足超过 90% 的数据访问；对于长尾请求，则需要通过访问分布式键值进行数据获取。具体结构如图 7-14 所示。

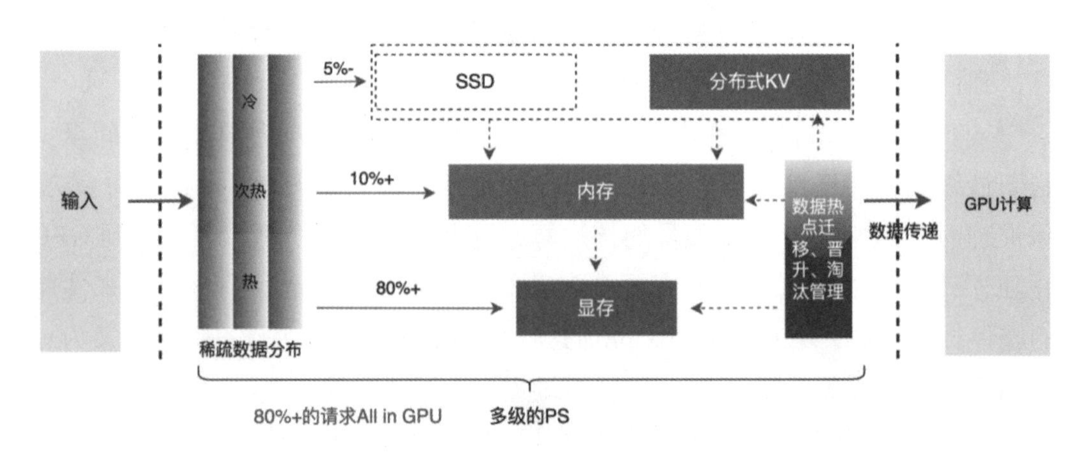

图 7–14 多级 PS 的结构图

6. 流水线

模型从离线训练到最终在线加载，整个流程烦琐、易出错，而且模型在不同 GPU 卡、不同 TensorRT 和 CUDA 版本上无法通用，这给模型转换带来了更多出错的可能。因此，为了提升模型迭代的整体效率，我们在流水线方面进行了相关能力建设，如图 7-15 所示。

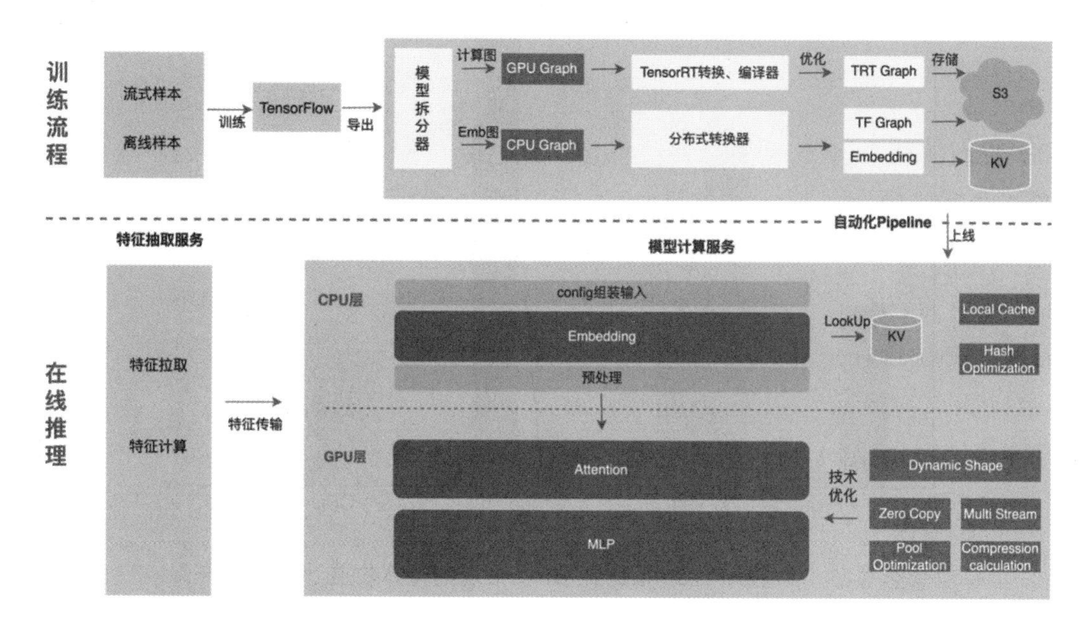

图 7–15　流水线建设流程图

流水线建设包括两部分：离线侧模型拆分转换流程，以及在线侧模型部署流程。

（1）离线侧：只需提供模型拆分节点，平台会自动将原始 TF 模型拆分成 Embedding 子模型和计算图子模型，其中 Embedding 子模型通过分布式转换器进行分布式算子替换和 Embedding 导入工作；计算图子模型则根据选择的硬件环境（GPU 型号、TensorRT 版本、CUDA 版本）进行 TensorRT 模型的转换和编译优化工作，最终将两个子模型的转换结果存储到 S3 中，用于后续的模型部署上线。整个流程都是平台自动完成，无须使用方感知执行细节。

（2）在线侧：只需选择模型部署硬件环境（与模型转换的环境保持一致），平台会根据环境配置进行模型的自适应推送加载，一键完成模型的部署上线。

流水线通过配置化、一键化能力的建设，极大地提升模型的迭代效率，帮助算法和工程人员能够更加专注地做好本职工作。图 7-16 是在 GPU 实践中相比纯 CPU 推理取得的整体收益。

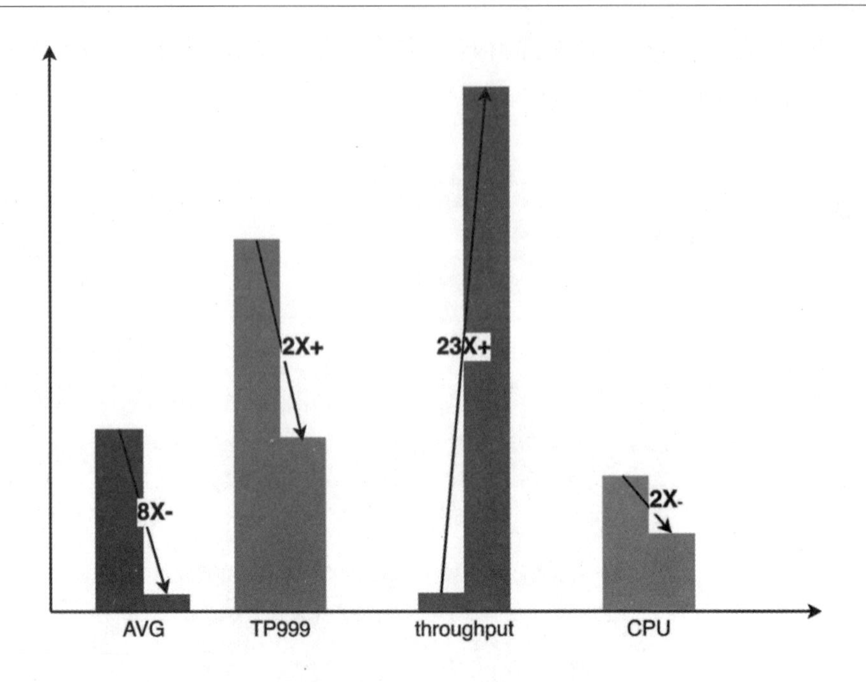

图7-16 相比纯CPU推理的整体收益

五、特征服务代码生成（CodeGen）优化

特征抽取是模型计算的前置阶段，无论是传统的LR模型还是日趋流行的深度学习模型，都需要通过特征抽取来得到输入。在之前的某外卖特征平台的建设与实践中，描述了我们基于模型特征自描述MFDL，将特征计算流程配置化，尽量保证了在线预估和离线训练时样本的一致性。随着业务快速迭代，模型特征数量不断增加，特别是大模型引入了大量的离散特征，导致计算量有了成倍的增长。为此，我们对特征抽取层做了一些优化，在吞吐和耗时上都取得了显著的收益。

（一）全流程代码生成优化

领域特定语言是对特征处理逻辑的描述。在早期的特征计算实现中，每个模型配置的领域特定语言都会被解释执行。解释执行的优点是实现简单，通过良好的设计便能获得较好的实现，比如常用的迭代器模式；缺点是执行性能较低，在实现层面为了通用性避免不了添加很多的分支跳转和类型转换等。实际上，对于一个固定版本的模型配置来说，它所有的模型特征转换规则都是固定的，不会随请求而变化。在极端情况下，基于这些已知的信息，可以对每个模型特征各自进行硬编码，从而获得最极致的性能。

显然，模型特征配置千变万化，不可能针对每个模型去人工编码。于是便有了代码生成的想法，在编译期为每一个配置自动生成一套专有的代码。代码生成并不是一项具体的技术或框架，而是一种思想，完成从抽象描述语言到具体执行语言的转换过程。其实在业界，计算密集型场景下使用代码生成来加速计算已是常用做法。如 Apache Spark 通过代码生成来优化 SparkSql 执行性能，从 1.x 的 Expression CodeGen 加速表达式运算到 2.x 引入的 Whole Stage CodeGen 进行全阶段的加速，都取得了非常明显的性能收益。在机器学习领域，一些 TF 模型加速框架，如 TensorFlow XLA 和 TVM，也是基于代码生成思想，将张量节点编译成统一的中间层 IR，基于 IR 结合本地环境进行调度优化，从而达到运行时模型计算加速的目的。

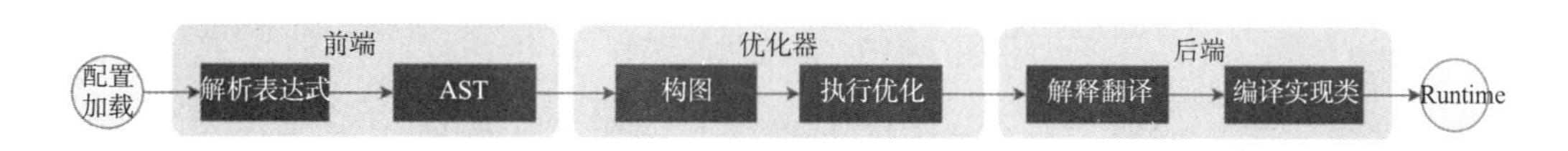

图 7–17　编译过程结构图

借鉴了 Spark 的 Whole Stage CodeGen，我们的目标是将整个特征计算领域特定语言编译形成一个可执行方法，从而减少代码运行时的性能损耗。整个编译过程可以分为前端（frontend）、优化器（optimizer）和后端（backend）（见图 7-17）。前端主要负责解析目标领域特定语言，将源码转化为 AST 或 IR；优化器则是在前端的基础上，对得到的中间代码进行优化，使代码更加高效；后端则是将已经优化的中间代码转化为针对各自平台的本地代码，具体实现过程如下（见图 7-18）。

（1）前端：每个模型对应一张节点 DAG 图，逐个解析每个特征计算领域特定语言，生成 AST，并将 AST 节点添加到图中。

（2）优化器：针对 DAG 节点进行优化，如公共算子提取、常量折叠等。

（3）后端：将经过优化后的图编译成字节码。

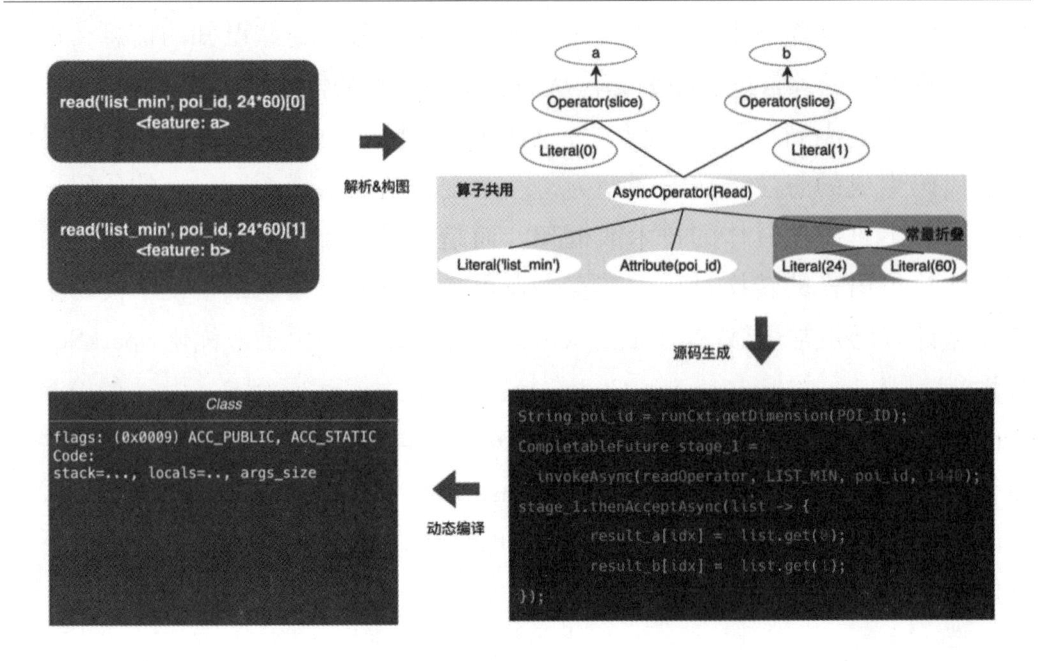

图 7–18 详细优化过程

经过优化之后，对节点 DAG 图的翻译，即后端代码实现，决定了最终的性能。这其中的一个难点，同时也是不能直接使用已有开源表达式引擎的原因：特征计算领域特定语言并非一个纯计算型表达式。它可以通过读取算子和转换算子的组合来描述特征的获取和处理过程。

（1）读取算子：从存储系统获取特征的过程，是个 I/O 型任务，如查询远程键值系统。

（2）转换算子：特征获取到本地之后对特征进行转换，是个计算密集型任务，如对特征值做哈希处理。

所以在实际实现中，需要考虑不同类型任务的调度，尽可能提高机器资源利用率，优化流程整体耗时。结合对业界的调研及自身实践，进行以下三种实现方式，如图 7-19 所示。

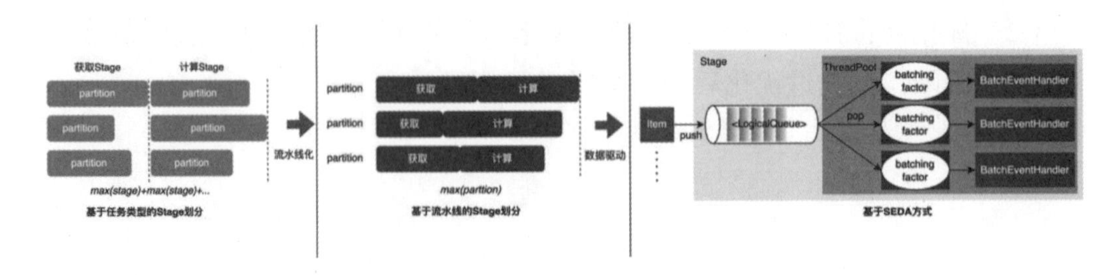

图 7–19 优化流程的三种实现方式

（1）基于任务类型划分阶段（Stage）：将整个流程划分成获取和计算两种阶段，阶段内部分片并行处理，上一个阶段完成后再执行下一个阶段。这是我们早期使用的方案，实现简单，可以基于不同的任务类型选择不同的分片大小，比如 I/O 型任务可以使用更大的分片。但缺点也很明显，会造成不同阶段的长尾叠加，每个阶段的长尾都会影响整个流程的耗时。

（2）基于流水线划分阶段：为了减少不同阶段的长尾叠加，可以先将数据分片，为每个特征读取分片添加回调，在 I/O 任务完成后回调计算任务，使整个流程像流水线一样平滑。分片调度可以让上一个阶段就绪更早的分片提前进入下一个阶段，减少等待时间，从而减少整体请求耗时长尾。但缺点就是统一的分片大小不能充分提高每个阶段的利用率，较小的分片会给 I/O 型任务带来更多的网络消耗，较大的分片会加剧计算型任务的耗时。

（3）基于阶段式事件驱动架构（staged event-driven architecture, SEDA）方式：阶段式事件驱动方式使用队列来隔离获取阶段和计算阶段，每个阶段分配有独立的线程池和批处理队列，每次消费 N（批处理系数）个元素。这样既能够实现每个阶段单独选择分片大小，同时事件驱动模型也可以让流程保持平滑。这是我们目前正在探索的方式。

代码生成方案也并非完美，动态生成的代码降低了代码可读性，增加了调试成本，但以代码生成作为适配层，也为更深入的优化打开了空间。基于代码生成和异步非阻塞的实现，在线上获得了不错的收益：一方面，减少了特征计算的耗时；另一方面，也明显地降低了 CPU 负载，提高了系统吞吐。未来我们会继续发挥代码生成的优势，在后端编译过程中进行有针对性的优化，如探索结合硬件指令（如 SIMD）或异构计算（如 GPU）来做更深层次的优化。

（二）传输优化

在线预估服务整体上是双层架构，特征抽取层负责模型路由和特征计算，模型计算层负责模型计算。原有的系统流程是将特征计算后的结果拼接成 M（预测的批处理规模）× N（样本宽度）的矩阵，再经过序列化传输到计算层。之所以这么做，一方面，出于历史原因，早期很多非图神经网络的简单模型的输入格式是个矩阵，经过路由层拼接后，计算层可以直接使用，无须转换；另一方面，数组格式比较紧凑，可以节省网络传输耗时（见图 7-20）。

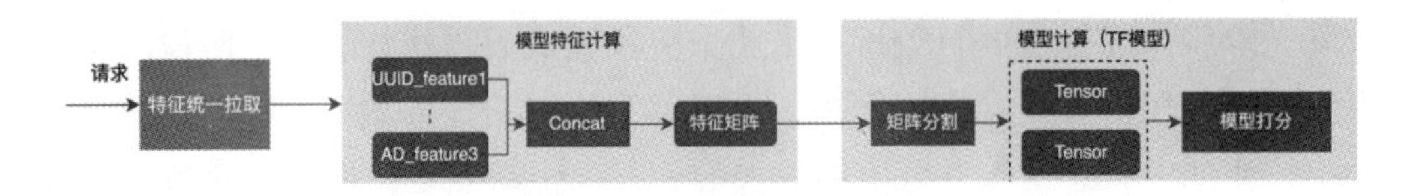

图 7-20　系统流程的优化

然而随着模型迭代发展，图神经网络模型逐渐成为主流，基于矩阵传输的弊端也非常明显。

（1）扩展性差：数据格式统一，不兼容非数值类型的特征值。

（2）传输性能损耗：基于矩阵格式，需要对特征做对齐，比如 Query/User 维度需要被拷贝对齐到每个 item 上，增大了请求计算层的网络传输数据量。

为了解决以上问题，优化后的流程在传输层之上加入一层转换层，用来根据 MDFL 的配置将计算的模型特征转换成需要的格式，如张量、矩阵或离线使用的 CSV 格式等（见图 7-21）。

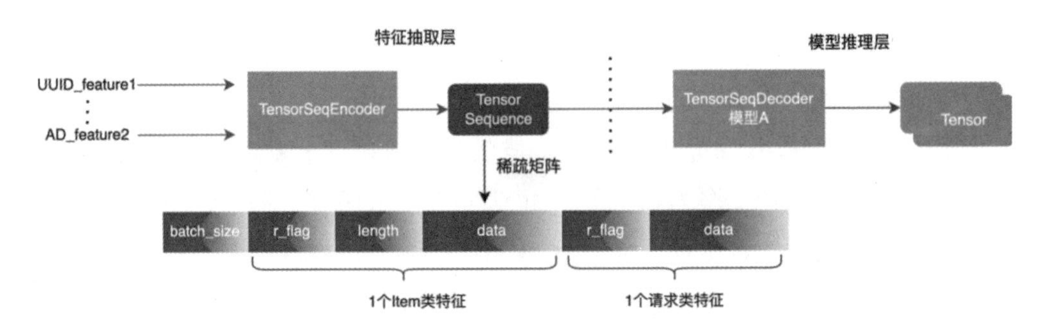

图 7-21　优化后的流程

实际线上大多数模型都是 TF 模型，为了进一步节省传输消耗，平台设计了张量序列格式来存储每个张量矩阵：其中，r_flag 用来标记是否是 item 类特征，length 表示 item 特征的长度，值为 M（item 个数）× NF（特征长度），data 用来存储实际的特征值，对于 item 特征将 M 个特征值扁平化存储，对于请求类特征则直接填充。基于紧凑型张量序列格式使数据结构更加紧凑，减少网络传输数据量。优化后的传输格式在线上也取得不错的效果，路由层调用计算层的请求大小下降了 50%，网络传输耗时明显下降。

（三）高维 id 特征编码

离散特征和序列特征可以统一为稀疏特征，特征处理阶段会把原始特征经过哈希处理，变为 id 类特征。在面对千亿级别维度的特征，基于字符串拼接再哈希的过程，在表达空间和性能上，都无法满足要求。基于对业界的调研，我们设计和应用了基于 Slot 编码方案的特征编码格式，如图 7-22 所示。

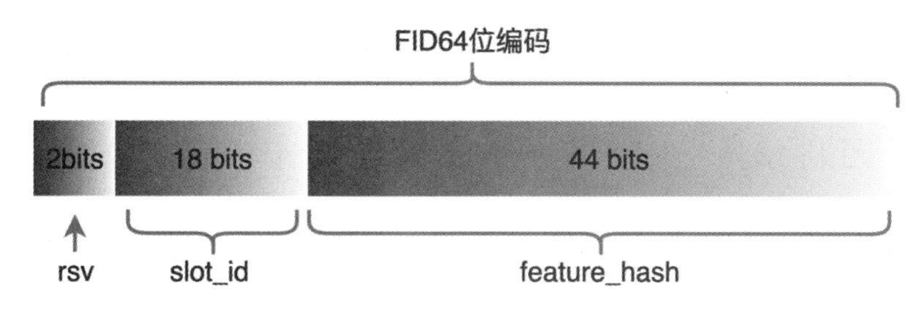

图 7–22　基于 Slot 的编码方案

其中，feature_hash 为原始特征值经过哈希处理后的值。整型特征可以直接填充，非整型特征或交叉特征先经过哈希处理后再填充，超过 44 位则截断。基于 Slot 编码方案上线后，不仅提升了在线特征计算的性能，同时也为模型效果带来了明显提升。

六、样本构建

（一）流式样本

业界为了解决线上线下一致性的问题，一般都会将在线转储实时打分使用的特征数据称为特征快照；而不是通过简单离线标签拼接、特征回填的方式来构建样本，因为这种方式会带来较大的数据不一致。

架构原始的方式如图 7-23 所示。

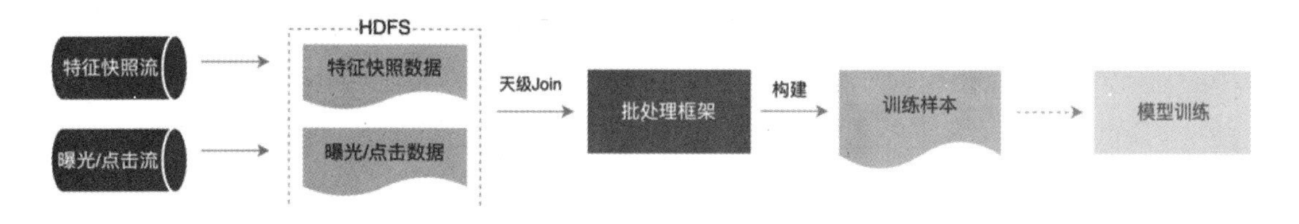

图 7–23　原始架构方式

这种方案随着特征规模越来越大、迭代场景越来越复杂，突出的问题就是在线特征抽取服务压力大，其次是整个数据流收集成本太高。此样本收集方案存在以下问题：

（1）就绪时间长：在现有资源限制下，跑那么大数据几乎要在 T+2 才能将样本数据就绪，影响算法模型迭代。

（2）资源耗费大：现有样本收集方式是将所有请求计算特征后与曝光、点击进行拼接，由于对未曝光 item 进行了特征计算、数据落表，导致存储的数据量较大，耗费大量资源。

1. 常见的方案

为了解决上面的问题，业界常见有两个方案：① Flink 实时流处理；②键值缓存二次处理。具体流程如图 7-24 所示。

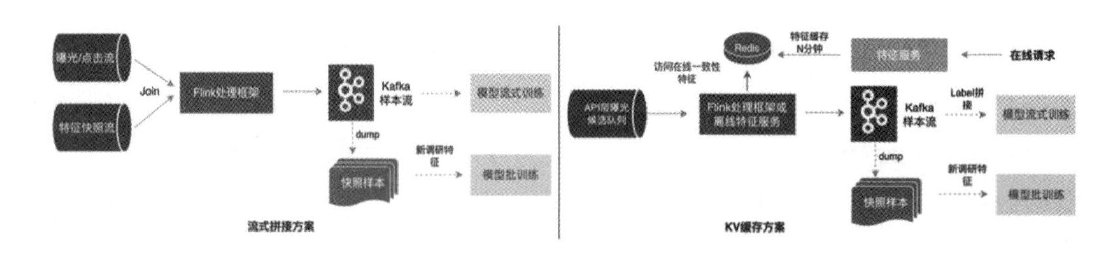

图 7–24　解决原始架构存在问题的两种方案

（1）流式拼接方案：借助流式处理框架（Flink、Storm 等）低延迟的流处理能力，直接读取曝光 / 点击实时流，与特征快照流数据在内存中进行关联处理；先生成流式训练样本，再转存为模型离线训练样本。其中流式样本和离线样本分别存储在不同的存储引擎中，支持不同类型的模型训练方式。此方案的问题：在数据流动环节的数据量依然很大，占用较多的消息流资源（如 Kafka）；Flink 资源消耗过大，如果每秒百吉的数据量，做窗口关联则需要 30 分钟 ×60×100 G 的内存资源。

（2）键值缓存方案：把特征抽取的所有特征快照写入键值存储（如 Redis）缓存 N 分钟，业务系统通过消息机制，把候选队列中的 item 传入实时计算系统（Flink 或者消费应用），此时的 item 的量会比之前请求的 item 量少很多，这样再将这些 item 特征从特征快照缓存中取出，数据通过消息流输出，支持流式训练。这种方法借助了外存，不管随着特征还是流量增加，Flink 资源可控，而且运行更加稳定。但突出的问题还是需要较大的内存来缓存大批量数据。

2. 改进优化

首先，从减少无效计算的角度出发，请求的数据并不会都曝光。而策略对曝光后的数据有更强的需求，因此将天级处理前置到流处理，可以极大提升数据就绪时间。其次，从数据内容出发，特征包含请求级变更的数据与天级变更的数据，链路灵活分离二者处理，可以极大提升资源的利用，图 7-25 是具体的方案。

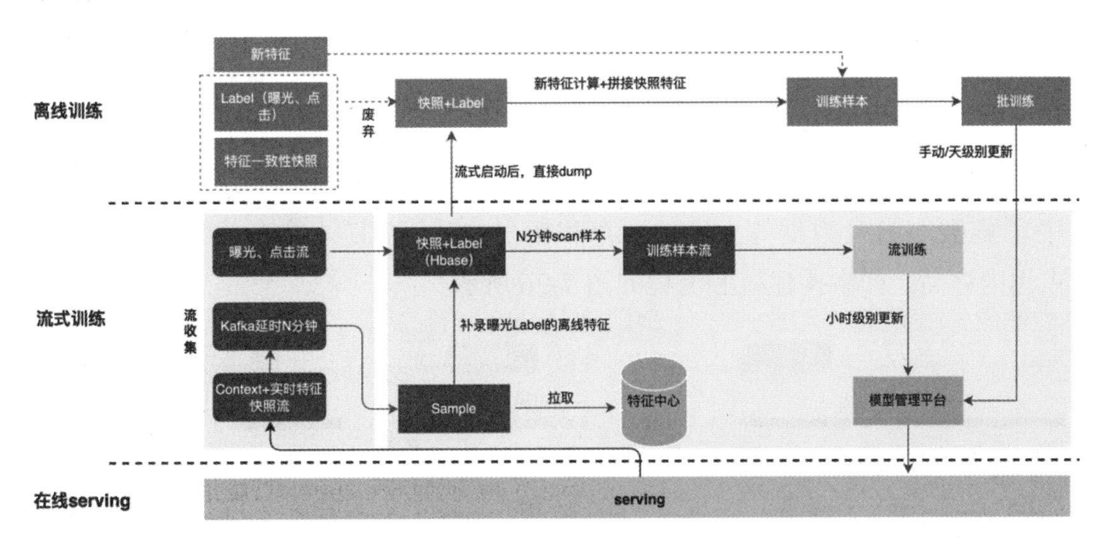

图 7–25　改进优化具体方案

（1）数据拆分：解决数据传输量大问题（特征快照流大问题），预测的标签与实时数据一一匹配，离线数据可以通过回流的时候二次访问，这样可以极大降低链路数据流的大小。

• 样本流中只有上下文 + 实时特征，增加读取数据流的稳定性，同时由于只需要存储实时特征，Kafka 硬盘存储量下降十多倍。

（2）延时消费关联方式：解决占用内存大问题。

• 曝光流作为主流，写入 HBase 中，同时为了后续能让其他流在 HBase 中关联上曝光，将 RowKey 写入 Redis；后续流通过 RowKey 写入 HBase，曝光与点击、特征的拼接借助外存完成，保证数据量增大后系统能稳定运行。

• 样本流延时消费，后台服务的样本流往往会比曝光流先到，为了能关联上 99%+ 的曝光数据，样本流等待窗口统计至少要 N 分钟以上；实现方式是将窗口期的数据全部压在 Kafka 的磁盘上，利用磁盘的顺序读性能，省略掉了窗口期内需要缓存数据量的大量内存。

（3）特征补录拼样本：通过对标签的关联，此处补录的特征请求量不到在线的 20%；样本延迟读取，与曝光做拼接后过滤出有曝光模型服务请求（上下文 + 实时特征），再补录全部离线特征，拼成完整样本数据，写入 HBase。

（二）结构化存储

随着业务迭代，特征快照中的特征数量越来越大，使得整体特征快照在单业务场景下每天达到几十太级别；从存储上看，多天单业务的特征快照就已经达到拍级别，快到达广告算法存储阈值，存储压力大；从计算角度上看，使用原有的计算流程，由于计算引擎（Spark）的资源限制（使用到了 shuffle，shuffle write 阶段数据会落盘，如果分配内存不足，会出现多次落盘和外排序），需要与自身数据等大小的内存和较多的计算 CU 才能有效地完成计算，占用内存高。样本构建核心流程如图 7-26 所示。

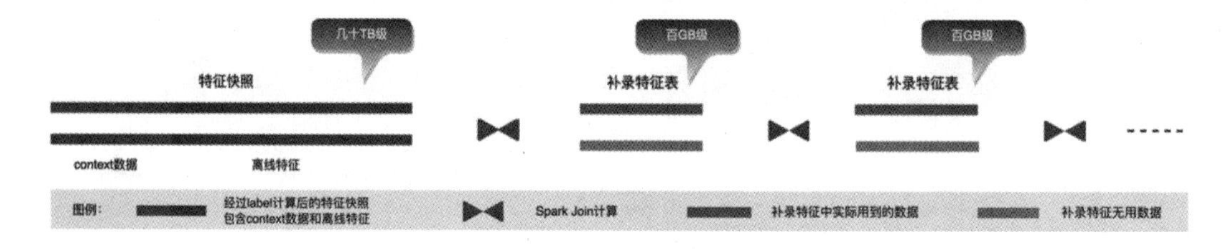

图 7–26　样本构建流程图

在补录特征时，存在以下问题。

（1）数据冗余：补录特征的离线表一般为全量数据，条数在亿级别，样本构建用到的条数约为当日 DAU 的数量，即千万级别，因此补录的特征表数据在参与计算时存在冗余数据。

（2）关联顺序：补录特征的计算过程，即维度特征补全，存在多次关联计算，因此关联计算的性能和关联的表的顺序有很大关系，如果左表为几十太级别的大表，那么之后的 shuffle 计算过程都会产生大量的网络 I/O、磁盘 I/O。

为了解决样本构建效率低的问题，短期先从数据结构化治理，详细过程如图 7-27 所示。

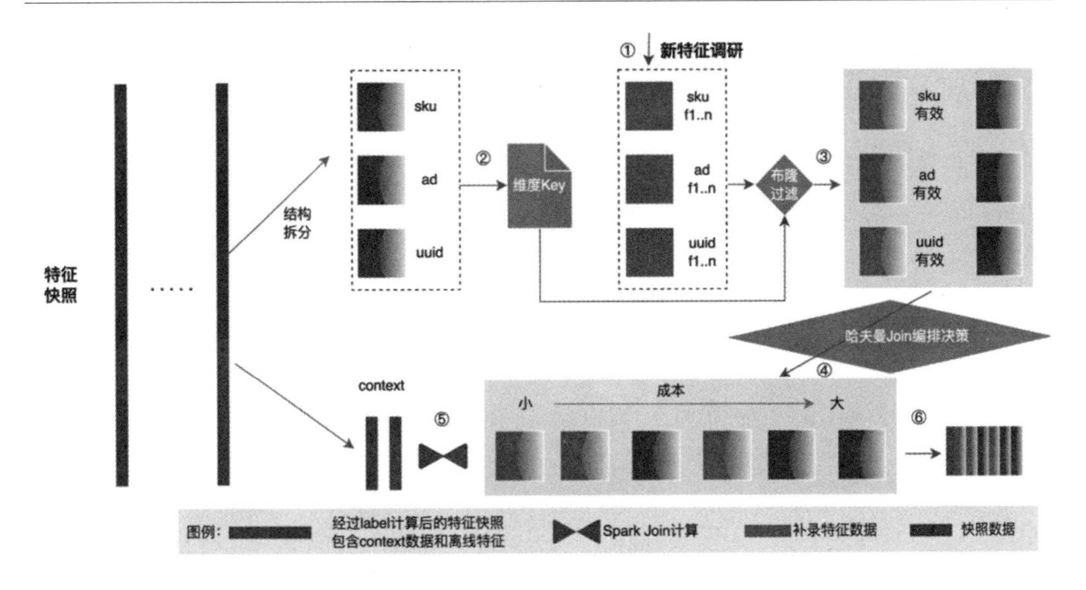

图 7-27 数据结构化治理图

（1）结构化拆分。数据拆分成上下文数据和结构化存储的维度数据代替混合存储。解决标签样本拼接新特征过程中携带大量冗余数据问题；并且做结构化存储后，针对离线特征，得到了很大的存储压缩。

（2）高效过滤前置。数据过滤提前到关联前，减少参与特征计算的数据量，可以有效降低网络 I/O。在拼接过程中，补录特征的 Hive 表一般来说是全量表，数据条数一般为月活量，而实际拼接过程中使用的数据条数约为日活量，因此存在较大的数据冗余，无效的数据会带来额外的 I/O 和计算。优化方式为预计算使用的维度键，并生成相应的布隆过滤器，在数据读取的时候使用布隆过滤器进行过滤，可以极大地降低补录过程中冗余数据传输和冗余计算。

（3）高性能关联。使用高效的策略去编排关联顺序，提升特征补录环节的效率和资源占用。在特征拼接过程中，会存在多张表的关联操作，关联的先后顺序也会极大影响拼接性能。如图 7-27 所示，如果拼接的左表数据量较大时，那么整体性能就会差。可以使用哈夫曼算法的思想，把每个表看作一个节点，对应的数据量看成它的权重，表之间的关联计算量可以简单类比两个节点的权重相加。因此，可以将此问题抽象成构造哈夫曼树，哈夫曼树的构造过程即为最优的关联顺序。

数据离线存储资源节省达 80%，样本构建效率提升 200%，当前整个样本数据也正在进行基于数据湖的实践，进一步提升数据效率。

七、数据准备

平台积累了大量的特征、样本和模型等有价值的内容，希望通过对这些数据资产进行复用，帮助策略人员更好地进行业务迭代，取得更好的业务收益。特征优化占了算法人员提升模型效果的所有方法中40%的时间，但传统的特征挖掘的工作方式存在着花费时间长、挖掘效率低、特征重复挖掘等问题，所以平台希望在特征维度赋能业务。

如果有自动化的实验流程去验证任意特征的效果，并将最终效果指标推荐给用户，无疑会帮助策略人员节省大量的时间。当整个链路建设完成，后续只需要输入不同的特征候选集，即可输出相应效果指标。为此平台建设了特征、样本的“加”“减”“乘”“除”智能机制。

（一）做“加法”

特征推荐基于模型测试的方法，将特征复用到其他业务线现有模型，构造出新的样本和模型；对比新模型和基线模型的离线效果，获取新特征的收益，自动推送给相关的业务负责人。具体特征推荐流程如图7-28所示。

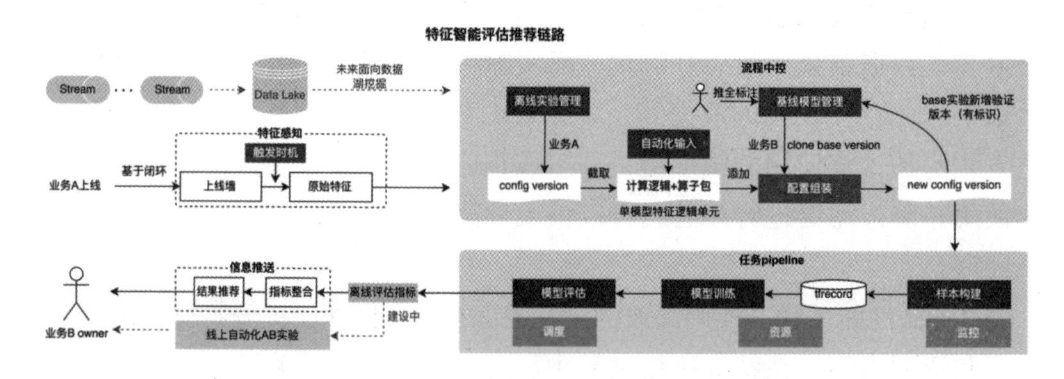

图7–28 特征推荐流程

（1）特征感知：通过上线墙或业务间存量方式触发特征推荐，这些特征已经过一定验证，可以保证特征推荐的成功率。

（2）样本生产：样本生产时通过配置文件抽取特征，流程自动将新增特征加到配置文件中，然后进行新样本数据的生产。获取到新特征后，解析这些特征依赖的原始特征、维度和UDF算子等，将新特征配置和依赖的原始数据融合到基线模型的原有配置文件中，构造出新的特征配置文件。自动进行新样本构建，样本构建时通过特征名称在特征仓库中抽取相关特征，并调用配置好的 UDF 进行特征计算，样本构建的时间段可配置。

（3）模型训练：自动对模型结构和样本格式配置进行改造，然后进行模型训练，使用 TensorFlow 作为模型训练框架，使用 tfrecord 格式作为样本输入，将新特征按照数值类和 id 类分别放到 A 和 B 两个组中，id 类特征进行查表操作，然后统一追加到现有特征后面，不需要修改模型结构便可接收新的样本进行模型训练（见表 7-1）。

（4）自动配置新模型训练参数：包括训练日期、样本路径、模型超参等，划分出训练集和测试集，自动进行新模型的训练。

（5）模型评测：调用评估接口得到离线指标，对比新老模型评测结果，并预留单特征评估结果，打散某些特征后，给出单特征贡献度。将评估结果统一发送给用户。

表 7-1　模型训练框架

交叉	ModelA	ModelB	ModelC
Feature1	auc + xx	auc − xx	auc + xx
Feature2	auc − xx	auc − xx	auc + xx

（二）做“减法”

特征推荐在广告内部落地并取得了一定收益后，我们在特征赋能层面做一些新的探索。随着模型的不断优化，特征膨胀的速度非常快，模型服务消耗资源急剧上升，剔除冗余特征，为模型“瘦身”势在必行。因此，平台建设了一套端到端的特征筛选工具。

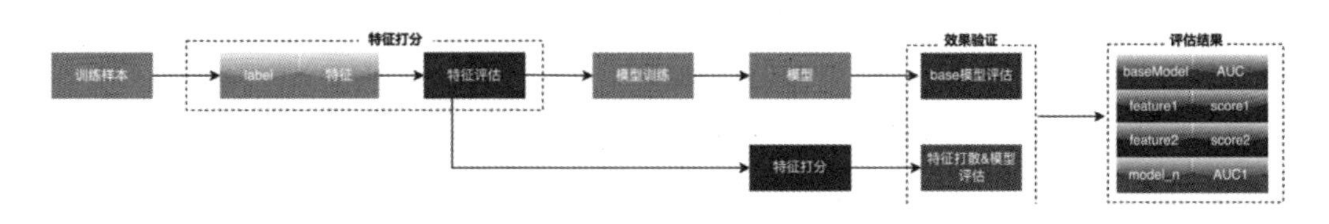

图 7-29　模型“瘦身”

（1）特征打分：通过证据权重（Weight Of Evidence, WOE）等多种评估算法给出模型的所有特征评分，打分较高特征的质量较高，评估准确率高。

（2）效果验证：训练好模型后，按打分排序，分批次对特征进行剔除。具体通过采用特征打散的方法，对比原模型和打散后模型评估结果，相差较大低于阈值后结束评估，给出可以剔除的特征。

（3）端到端方案：用户配置好实验参数和指标阈值后，无须人为干涉，即可给出可删除的特征，以及删除特征后模型的离线评估结果。

最终，在内部模型下线 40% 的特征后，业务指标下降仍然控制在合理的阈值内。

（三）做“乘法”

为了得到更好的模型效果，广告内部已经开始做一些新的探索，包括大模型、实时化、特征库等。这些探索背后都有一个关键目标：需要更多、更好的数据让模型更智能、更高效。从广告现状出发，提出样本库（data bank）建设，实现把外部更多种类、更大规模的数据拿进来，应用于现有业务。具体如图 7-30 所示。

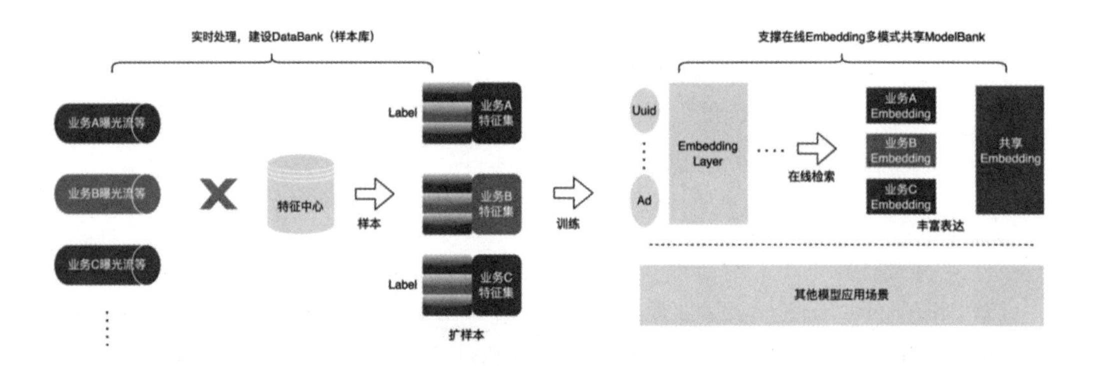

图 7–30 样本库应用于现有业务

我们建立了一套通用的样本共享平台，在这个平台上，可以借用其他业务线来产生增量样本，并且也搭建通用的 Embedding 共享架构，实现业务的以大带小。下面以广告业务线复用非广告样本为例，具体做法如下：

（1）扩样本：基于 Flink 流式处理框架，建设了高扩展样本库，业务 A 很方便复用业务 B、业务 C 的曝光、点击等标签数据去做实验。尤其是为小业务线，扩充了大量的价值数据，这种做法相比离线补录关联，一致性会更强，特征平台提供了在线、离线一致性保障。

（2）做共享：在样本就绪后，一个很典型的应用场景就是迁移学习。另外，也搭建 Embedding 共享的数据通路（不强依赖“扩样本”流程），所有业务线可以基于大的 Embedding 训练，每个业务方也可以更新这个 Embedding，通过在线建立 Embedding 版本机制，供多个业务线使用。

举例来说，通过将非广告样本复用到广告内一个业务，使样本数量增加了几倍，结合迁移学习算法，离线 AUC 提升 4‰，上线后 CPM 提升 1%。此外，我们也在建设广告样本主题库，将各业务生成的样本数据进行统一管理（统一元数据），面向用户透出统一样本主题分类，快速注册、查找、复用，面向底层统一存储，节约存储、计算资源，减少数据关联，提高时效性。

（四）做“除法”

通过特征“减法”可以剔除一些无正向作用的特征，但通过观察发现模型中还存在很多价值很小的特征。所以更进一步我们可以通过价值、成本两方面综合考虑，在全链路基于成本的约束下价值最大，筛选出那些投入产出比较低的特征，降低资源消耗。将这个在成本约束下去求解的过程定义为做“除法”，整体流程如图 7-31 所示。

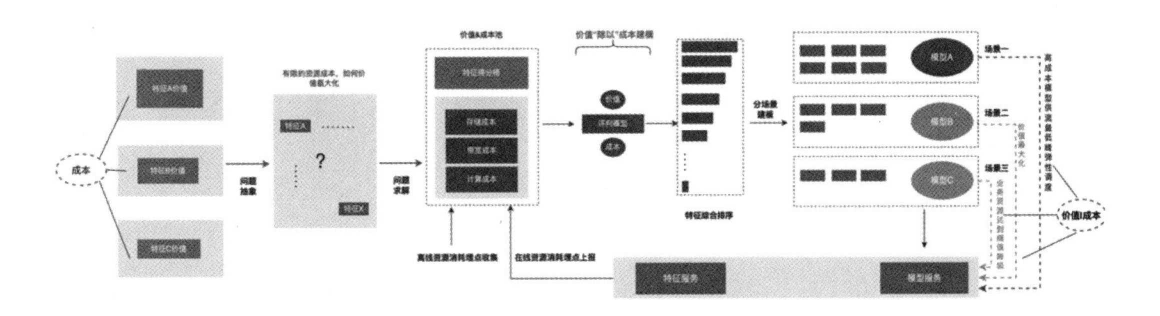

图 7-31　做“除法”流程图

在离线维度，我们建立了一套特征价值评估系统，给出特征的成本和价值，在线推理时可以通过特征价值信息进行流量降级、特征弹性计算等操作，做“除法”关键步骤如下：

（1）问题抽象：如果我们能得到每个特征的价值得分，又可以拿到特征的成本（存储、通信、计算加工），那么问题就转换成了在已知模型结构、固定资源成本下，如何让特征的价值最大化。

（2）成本约束下的价值评估：基于模型的特征集，平台首先进行成本和价值的统计汇总；成本包括了离线成本和在线成本，基于训练好的评判模型，得出特征的综合排序。

（3）分场景建模：可以根据不同的资源情况，选择不同的特征集，进行建模。在有限的资源下，选择价值最大的模型在线 Work。另外，可以针对比较大的特征集建模，在流量低峰启用，提升资源利用率的同时给业务带来更大收益。还有一种应用场景是流量降级，推理服务监控在线资源的消耗，一旦资源计算达到瓶颈，就切换到降级模型。

第八章　Android 对 so 体积优化的探索与实践

减小应用安装包的体积，对提升用户体验和下载转化率都大有益处。本章将结合某平台的实践经验，分享 so 体积优化的思路、收益，以及工程实践中的注意事项。本章将首先从 so 文件格式讲起，结合文件格式分析哪些内容可以优化，其次再具体讲解每项优化手段及注意事项。

一、背景

应用安装包的体积影响着用户的下载时长、安装时长、磁盘占用空间等诸多方面，因此减小安装包的体积对于提升用户体验和下载转化率都大有益处。Android 应用安装包其实是一个 zip 文件，主要由 dex、assets、resource、so 等各类型文件压缩而成。目前业内常见的包体积优化方案大体分为以下几类：

• 针对 dex 的优化，例如 Proguard、dex 的调试项目删除，字节码优化等。

• 针对 resource 的优化，例如 AndResGuard、webp 优化等。

• 针对 assets 的优化，例如压缩、动态下发等。

• 针对 so 的优化，同 assets，另外还有移除调试符号等。

随着动态化、端智能等技术的广泛应用，在采用上述优化手段后，so 在安装包体积中的比例依然很高，我们开始思索这部分体积是否能进一步优化。

经过一段时间的调研、分析和验证，逐渐摸索出一套可以将应用安装包中 so 体积进一步减小 30% ~ 60% 的方案。该方案包含一系列纯技术优化手段，对业务侵入性低，通过简单的配置，可以快速部署生效。为让大家能知其然，也能知其所以然，本章将先从 so 文件格式讲起，结合文件格式分析哪些内容可以优化。

二、so 文件格式分析

so 即动态库，本质上是可执行与可链接格式（executable and linkable format, ELF）文件。可以从两个维度查看 so 文件的内部结构：链接视图（linking view）和执行视图（execution view）。链接视图将 so 主体看作多个组件（section）的组合，该视图体现的是 so 是如何组装的，是编译链接的视角。而执行视图将 so 主体看作多个片段（segment）的组合，该视图告诉动态链接器如何加载和执行该 so，是运行时的视角。鉴于对 so 优化更侧重于编译链接角度，并且通常一个片段包含多个组件（链接视图对 so 的分解粒度更小），因此我们这里只讨论 so 的链接视图。

通过 readelf -S 命令可以查看一个 so 文件的所有组件列表，参考 ELF 文件格式说明，这里简要介绍一下本章涉及的组件。

• .text：存放的是编译后的机器指令，C/C++ 代码的大部分函数编译后就存放在这里。这里只有机器指令，没有字符串等信息。

• .data：存放的是初始值不为零的一些可读写变量。

• .bss：存放的是初始值为零或未初始化的一些可读写变量。该组件仅指示运行时需要的内存大小，不会占用 so 文件的体积。

• .rodata：存放的是一些只读常量。

• .dynsym：动态符号表，给出了该 so 对外提供的符号（导出符号）和依赖外部的符号（导入符号）的信息。

• .dynstr：字符串池，不同字符串以 '\0' 分割，供 .dynsym 和其他部分使用。

• .gnu.hash 和 .hash：两种类型的哈希表，用于快速查找 .dynsym 中的导出符号或全部符号。

• .gnu.version、.gnu.version_d、.gnu.version_r：这三个组件用于指定动态符号表中每个符号的版本，其中 .gnu.version 是一个数组，其元素个数与动态符号表中符号的个数相同，即数组每个元素与动态符号表的每个符号是一一对应的关系。数组每个元素的类型为 Elfxx_Half，其意义是索引，指示每个符号的版本。.gnu.version_d 描述了该 so 定义的所有符号的版本，供 .gnu.version 索引。.gnu.version_r 描述了该 so 依赖的所有符号的版本，也供 .gnu.version 索引。因为不同的符号可能具有相同的版本，所以采用这种索引结构，可以减小 so 文件的大小。

在进行优化之前，我们需要对这些组件及它们之间的关系有一个清晰的认识，图 8-1 较直观地展示了 so 中各个组件之间的关系（这里只绘制了本章涉及的组件）。

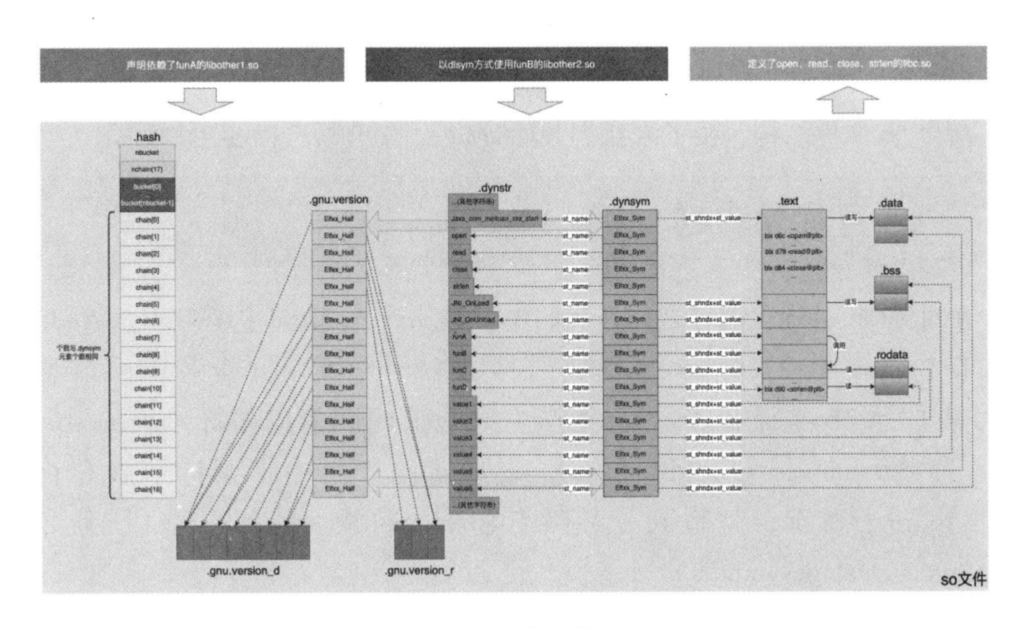

图 8-1　so 文件结构示意图

结合上图，我们从另一个角度来理解 so 文件的结构：想象一下，我们把所有的函数实现体都放到 .text 中，.text 中的指令会去读取 .rodata 中的数据，读取或修改 .data 和 .bss 中的数据。看上去 so 中有这些内容也足够了。但是这些函数怎样执行呢？也就是说，只把这些函数和数据加载进内存是不够的，这些函数只有真正去执行，才能发挥作用。

我们知道想要执行一个函数，只要跳转到它的地址就行了。那外界调用者（该 so 之外的模块）怎样知道它想要调用函数的地址呢？这里就涉及一个函数 id 的问题：外部调用者给出需要调用的函数的 id，而动态链接器（linker）根据该 id 查找目标函数的地址并告知外部调用者。所以 so 文件还需要一个结构去存储“ id—地址”的映射关系，这个结构就是动态符号表的所有导出符号。

具体到动态符号表的实现，id 的类型是“字符串”，可以说动态符号表的所有导出符号构成了一个“字符串—地址”的映射表。一方面，调用者获取目标函数的地址后，准备好参数跳转到该地址就可以执行这个函数了。另一方面，当前 so 可能也需要调用其他 so 中的函数（如 libc.so 中的 read、write 等），动态符号表的导入符号记录了这些函数的信息，在 so 内函数执行之前动态链接器会将目标函数的地址填入相应位置，供该 so 使用。所以动态符号表是连接当前 so 与外部环境的“桥梁”：导出符号供外部使用，导入符号声明了该 so 需要使用的外部符号（注：实际上 .dynsym 中的符号还可以代表变量等其他类型，与函数类型类似，这里就不再赘述）。

结合 so 文件结构，接下来我们开始分析 so 中有哪些内容可以优化。

三、so 可优化内容分析

在讨论 so 可优化内容之前，我们先了解一下 Android 构建工具（Android Gradle Plugin, AGP）对 so 体积做的移除（strip）优化（移除调试信息和符号表）。AGP 编译 so 时，首先产生的是带调试信息和符号表的 so（任务名为 externalNativeBuildRelease），之后对刚产生的带调试信息和符号表的 so 进行移除，就得到了最终打包到 apk 或 aar 中的 so（任务名为 stripReleaseDebugSymbols）。

移除优化的作用就是删除输入 so 中的调试信息和符号表。这里说的符号表与上文中的“动态符号表”不同，符号表所在组件名通常为 .symtab，它通常包含了动态符号表中的全部符号，并且额外还有很多符号。调试信息顾名思义就是用于调试该 so 的信息，主要是各种名字以 .debug_ 开头的组件，通过这些组件可以建立 so 每条指令与源码文件的映射关系（也就是能够对 so 中每条指令找到其对应的源码文件名、文件行号等信息）。之所以叫移除优化，是因为其实际调用的是 NDK 提供的移除命令（所用参数为 --strip-unneeded）。

注：为什么 AGP 要先编译出带调试信息和符号表的 so，而不直接编译出最终的 so 呢（通过添加 -s 参数是可以做到直接编译出没有调试信息和符号表的 so 的）？原因就在于需要使用带调试信息和符号表的 so 对崩溃调用栈进行还原。删除了调试信息和符号表的 so 完全可以正常运行，但是当它发生崩溃时，只能保证获取到崩溃调用栈的每个栈帧的相应指令在 so 中的位置，不一定能获取到符号。但是排查崩溃问题时，我们希望得知 so 崩溃在源码的哪个位置。带调试信息和符号表的 so 可以将崩溃调用栈的每个栈帧还原成其对应的源码文件名、文件行号、函数名等，大大方便了崩溃问题的排查。所以说，虽然带调试信息和符号表的 so 不会打包到最终的 apk 中，但它对排查问题来

说非常重要。

AGP 通过开启移除优化，可以大幅缩减 so 的体积，甚至可以缩减到原体积的十分之一。以一个测试 so 为例，其最终 so 大小为 14 KB，但是对应的带调试信息和符号表的 so 大小为 136 KB。不过在使用中，我们需要注意的是，如果 AGP 找不到对应的移除命令，就会把带调试信息和符号表的 so 直接打包到 apk 或 aar 中，并不会打包失败。例如，缺少 armeabi 架构对应的移除命令时提示信息如下：

```
Unable to strip library '× × ×.so' due to missing strip tool for ABI 'ARMEABI'. Packaging it as is.
```

除了上述 Android 构建工具默认为 so 体积做的优化，我们还能做哪些优化呢？首先明确我们优化的原则。

- 对于必须保留的内容考虑进行缩减，减小体积占用。
- 对于无须保留的内容直接删除。

基于以上原则，可以从以下三个方面对 so 继续进行深入优化。

- 精简动态符号表：上面已经提到，动态符号表是 so 与外部进行连接的“桥梁”，其中的导出表相当于是 so 对外暴露的接口。哪些接口是必须对外暴露的呢？在 Android 中，大部分 so 是用来实现 Java 的 native 方法的，对于这种 so，只要让应用运行时能够获取到 Java native 方法对应的函数地址即可。要实现这个目标，有两种方法：一种是使用 RegisterNatives 动态注册 Java native 方法，一种是按照 JNI 规范定义 java_*** 样式的函数，并导出其符号。RegisterNatives 方式可以提前检测到方法签名不匹配的问题，并且可以减少导出符号的数量，这也是谷歌推荐的做法。所以在最优情况下只需导出 JNI_OnLoad（在其中使用 RegisterNatives 对 Java native 方法进行动态注册）和 JNI_OnUnload（可以做一些清理工作）这两个符号即可。如果不希望改写项目代码，也可以再导出 java_*** 样式的符号。除了上述类型的 so，剩余的 so 通常是被应用的其他 so 动态依赖的，对于这类 so，需要确定所有动态依赖它的 so 依赖了它的哪些符号，仅保留这些被依赖的符号即可。另外，这里应区分符号表项与实现体，符号表项是动态符号表中相应的 Elfxx_Sym 项（见图 8-1），实现体是其在 .text、.data、.bss、.rodata 等或其他部分的实体。删除了符号表项，实现体不一定要被删除。结合图 8-1，可以预估出删除一个符号表项后 so 减小的体积为：符号名字符串长度 + 1 + Elfxx_Sym + Elfxx_Half +

Elfxx_Word 。

• 移除无用代码：在实际的项目中，有一些代码在发布版中永远不会被使用到（如历史遗留代码、用于测试的代码等），这些代码被称为无用代码（dead code）。而根据上面分析，只有动态符号表的导出符号直接或间接引用到的所有代码才需要保留，其他剩余的所有代码都是无用代码，都是可以删除的（注：事实上 .init_array 等特殊组件涉及的代码也要保留）。删除无用代码的潜在收益较大。

• 优化指令长度：实现某个功能的指令并不是固定的，编译器有可能能用更少的指令完成相同的功能，从而实现优化。由于指令是 so 的主要组成部分，因此优化这一部分的潜在收益也比较大。

so 可优化内容如图 8-2 所示（可删除部分用红色背景标出，可优化部分是 .text），其中 funC、value2、value3、value6 由于分别被需保留部分使用，所以需要保留其实现体，只能删除其符号表项。funD、value1、value4、value5 可删除符号表项及其实现体（注：因为 value4 的实现体在 .bss 中，而 .bss 实际不占用 so 的体积，所以删除 value4 的实现体不会减小 so 的体积）。

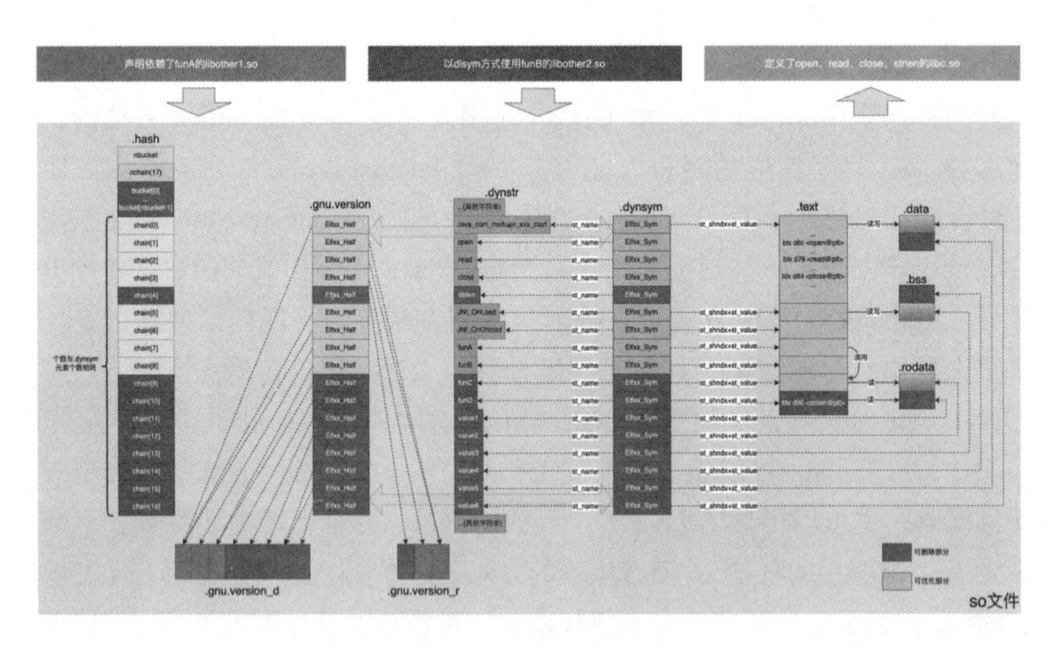

图 8–2　so 可优化部分

在确定了 so 中可以优化的内容后，我们还需要考虑优化时机的问题：是直接修改 so 文件，还是控制其生成过程？考虑到直接修改 so 文件的风险与难度较大，控制 so 的生成过程显然更稳妥。为了控制 so 的生成过程，我们先简要介绍一下 so 的生成过程（见图 8-3）。

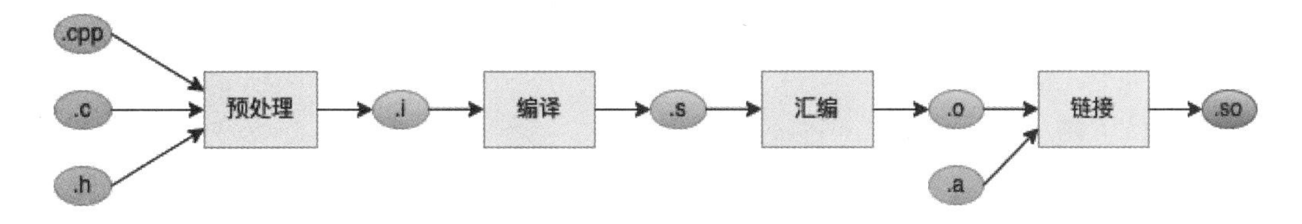

图 8-3 so 文件的生成过程

如图 8-3 所示，so 的生成过程可以分为四个阶段。

• 预处理：将 include 头文件处扩展为实际文件内容并进行宏定义替换。

• 编译：将预处理后的文件编译成汇编代码。

• 汇编：将汇编代码汇编成目标文件，目标文件中包含机器指令（大部分情况下是机器指令）和数据及其他必要信息。

• 链接：将输入的所有目标文件及静态库（.a 文件）链接成 so 文件。

可以看出，预处理阶段和汇编阶段对特定输入产生的输出基本是固定的，优化空间较小。所以我们的优化方案主要针对编译和链接阶段进行优化。

四、优化方案介绍

我们对所有能控制最终 so 体积的方案都进行调研，并验证了其效果，最后总结出较为通用的可行方案。

（一）精简动态符号表

（1）使用 visibility 和 attribute 控制符号可见性。

可以通过给编译器传递 -fvisibility=VALUE 控制全局的符号可见性，VALUE 常取值为 default 和 hidden。

• default：除非对变量或函数特别指定符号可见性，所有符号都在动态符号表中，这也是不使用 -fvisibility 时的默认值。

• hidden：除非对变量或函数特别指定符号可见性，所有符号在动态符号表中都不可见。

CMake 项目的配置方式：

```
set(CMAKE_C_FLAGS "${CMAKE_C_FLAGS} -fvisibility=hidden")
set(CMAKE_CXX_FLAGS "${CMAKE_CXX_FLAGS} -fvisibility=hidden")
```

ndk-build 项目的配置方式：

```
LOCAL_CFLAGS += -fvisibility=hidden
```

另一方面，针对单个变量或函数，可以通过 attribute 方式指定其符号可见性，示例如下：

```
__attribute__((visibility("hidden")))
int hiddenInt=3;
```

其常用值也是 default 和 hidden，与 visibility 方式意义类似，这里不再赘述。

attribute 方式指定的符号可见性的优先级，高于 visibility 方式指定的可见性，相当于 visibility 是全局符号可见性开关，attribute 方式是针对单个符号的可见性开关。这两种方式结合就能控制源码中每个符号的可见性。

需要注意的是上面这两种方式，只能控制变量或函数是否存在于动态符号表中（是否删除其动态符号表项），而不会删除其实现体。

（2）使用 static 关键词控制符号可见性。

在 C/C++ 语言中，static 关键词在不同场景下有不同意义，当使用 static 表示“该函数或变量仅在本文件可见”时，那么这个函数或变量就不会出现在动态符号表中，但只会删除其动态符号表项，而不会删除其实现体。static 关键词相当于增强的 hidden（因为 static 声明的函数或变量编译时，只对当前文件可见，而 hidden 声明的函数或变量只是在动态符号表中不存在，在编译期间对其他文件还是可见的）。在项目开发中，使用 static 关键词声明一个函数或变量“仅在本文件可见”是很好的习惯，但是不建议使用 static 关键词控制符号可见性：无法使用 static 关键词控制一个多文件可见的函数或变量的符号可见性。

（3）使用 exclude libs 移除静态库中的符号。

上述 visibility 方式、attribute 方式和 static 关键词，都是控制项目源码中符号的可见性，而无法控制依赖的静态库中的符号在最终 so 中是否存在。exclude libs 就是用来控制依赖的静态库中的符号是否可见，它是传递给链接器的参数，可以使依赖的静态库的符号在动态符号表中不存在。同样，也是只能删除符号表项，实现体仍然会存在于产生的so文件中。

CMake项目的配置方式：

```
set(CMAKE_SHARED_LINKER_FLAGS "${CMAKE_SHARED_LINKER_FLAGS} -Wl,--exclude-libs,ALL")# 使所有静态库中的符号都不被导出
set(CMAKE_SHARED_LINKER_FLAGS "${CMAKE_SHARED_LINKER_FLAGS} -Wl,--exclude-libs,libabc.a")# 使 libabc.a 的符号都不被导出
```

ndk-build项目的配置方式：

```
LOCAL_LDFLAGS += -Wl,--exclude-libs,ALL # 使所有静态库中的符号都不被导出
LOCAL_LDFLAGS += -Wl,--exclude-libs,libabc.a # 使 libabc.a 的符号都不被导出
```

（4）使用version script控制符号可见性。

version script是传递给链接器的参数，用来指定动态库导出哪些符号及符号的版本。该参数会影响.gnu.version和.gnu.version_d的内容。我们现在只使用它的指定所有导出符号的功能（符号版本名使用空字符串）。开启version script需要先编写一个文本文件，用来指定动态库导出哪些符号。示例如下（只导出usedFun这一个函数）：

```
{
  global:usedFun;
  local:*;
};
```

然后将上述文件的路径传递给链接器即可（假定上述文件名为version_script.txt）。

CMake项目的配置方式：

```
set(CMAKE_SHARED_LINKER_FLAGS "${CMAKE_SHARED_LINKER_FLAGS} -Wl,--version-script=${CMAKE_CURRENT_SOURCE_DIR}/version_script.txt") #version_script.txt 与当前 CMakeLists.txt 同目录
```

ndk-build 项目的配置方式：

```
LOCAL_LDFLAGS += -Wl,--version-script=${LOCAL_PATH}/version_script.txt #version_script.txt 与当前 Android.mk 同目录
```

看上去，version script 是明确地指定需要保留的符号，如果通过 visibility 结合 attribute 的方式控制每个符号是否导出，也能达到 version script 的效果，但是 version script 方式有一些额外的好处：

第一，version script 方式可以控制编译进 so 的静态库的符号是否导出，visibility 和 attribute 方式都无法做到这一点。

第二，visibility 结合 attribute 方式需要在源码中标明每个需要导出的符号，对于导出符号较多的项目来说是很繁杂的。version script 把需要导出的符号统一地放到一起，能够直观方便地查看和修改，对导出符号较多的项目也非常友好。

第三，version script 支持通配符，* 代表 0 个或者多个字符，? 代表单个字符。比如 my* 就代表所有以 my 开头的符号。有了通配符的支持，配置 version script 会更加方便。

第四，还有非常特殊的一点，version script 方式可以删除 __bss_start 这样的一些符号（这是链接器默认加上的符号）。

综上所述，version script 方式优于 visibility 结合 attribute 的方式。同时，使用了 version script 方式，就不需要使用 exclude libs 方式控制依赖的静态库中的符号是否导出了。

（二）移除无用代码

1. 开启 LTO

LTO 是 Link Time Optimization 的缩写，即链接期优化。LTO 能够在链接目标文件时检测出无用代码并删除它们，从而减小编译产物的体积。无用代码举例：某个 if 条件永远为“假”，那么 if 为“真”下的代码块就可以移除。进一步地，被移除代码块所调用的函数也可能因此而变为无用代码，它们又可以被移除。能够在链接期做优化的原因是，在编译期很多信息还不能确定，只有局部信息，无法执行一些优化。但是链接时大部分信息都确定了，相当

于获取了全局信息，所以可以进行一些优化。GCC 和 Clang 均支持 LTO。LTO 方式编译的目标文件中存储的不再是具体机器的指令，而是机器无关的中间表示（GCC 采用的是 GIMPLE 字节码，Clang 采用的是 LLVM IR 比特码）。

CMake 项目的配置方式：

```
set(CMAKE_C_FLAGS "${CMAKE_C_FLAGS} -flto")
set(CMAKE_CXX_FLAGS "${CMAKE_CXX_FLAGS} -flto")
set(CMAKE_SHARED_LINKER_FLAGS "${CMAKE_SHARED_LINKER_
FLAGS} -O3 -flto")
```

ndk-build 项目的配置方式：

```
LOCAL_CFLAGS += -flto
LOCAL_LDFLAGS += -O3 -flto
```

使用 LTO 时需要注意几点：

第一，如果使用 Clang，编译参数和链接参数中都要开启 LTO，否则会出现无法识别文件格式的问题（NDK22 之前存在此问题）。使用 GCC 的话，只需要编译参数中开启 LTO 即可。

第二，如果项目工程依赖了静态库，可以使用 LTO 方式重新编译该静态库，那么编译动态库时，就能移除静态库中的无用代码，从而减小最终 so 的体积。

第三，经过测试，如果使用 Clang，链接器需要开启非 0 级别的优化，LTO 才能真正生效。经过实际测试（NDK 为 r16b），O1 优化效果较差，O2、O3 优化效果比较接近。

第四，由于需要进行更多的分析计算，开启 LTO 后，链接耗时会明显增加。

2. 开启 GC 组件

这是传递给链接器的参数，GC 即 Garbage Collection（垃圾回收），也就是对无用的组件进行回收。注意，这里的组件不是指最终 so 中的组件，而是作为链接器的输入的目标文件中的组件。

简要介绍一下目标文件，目标文件（扩展名为 .o ）也是 ELF 文件，所以也是由组件组成的，只不过它只包含了相应源文件的内容：函数会放到 .text

样式的组件中，一些可读写变量会放到 .data 样式的组件中，等等。链接器会把所有输入的目标文件的同类型的组件进行合并，组装出最终的 so 文件。

GC 组件参数通知链接器：仅保留动态符号（及 .init_array 等）直接或者间接引用到的组件，移除其他无用组件。这样就能减小最终 so 的体积。但开启 GC 组件还需要考虑一个问题：编译器默认会把所有函数放到同一个 组件中，把所有相同特点的数据放到同一个组件中，如果同一个组件中既有需要删除的部分又有需要保留的部分，会使得整个组件都要保留。所以我们需要减小目标文件组件的粒度，这需要借助另外两个编译参数 -fdata-sections 和 -ffunction-sections ，这两个参数通知编译器，将每个变量和函数分别放到各自独立的组件中，这样就不会出现上述问题了。实际上 Android 编译目标文件时会自动带上 -fdata-sections 和 -ffunction-sections 参数，这里一并列出来，是为了突出它们的作用。

CMake 项目的配置方式：

```
set(CMAKE_C_FLAGS "${CMAKE_C_FLAGS} -fdata-sections -ffunction-sections")
set(CMAKE_CXX_FLAGS "${CMAKE_CXX_FLAGS} -fdata-sections -ffunction-sections")
set(CMAKE_SHARED_LINKER_FLAGS "${CMAKE_SHARED_LINKER_FLAGS} -Wl,--gc-sections")
```

ndk-build 项目的配置方式：

```
LOCAL_CFLAGS += -fdata-sections -ffunction-sections
LOCAL_LDFLAGS += -Wl,--gc-sections
```

（三）优化指令长度

编译器根据输入的 -Ox 参数决定编译的优化级别，其中 O0 表示不开启优化（这种情况主要是为了便于调试及获得更快的编译速度），从 O1 到 O3，优化程度越来越强。Clang 和 GCC 均提供了 Os 的优化级别，其与 O2 比较接近，但是优化了生成产物的体积。而 Clang 还提供了 Oz 优化级别，在 Os 的基础上能进一步优化产物体积。

综上，如果编译器是 Clang，则可以开启 Oz 优化。如果编译器是 GCC，则只能开启 Os 优化（注：NDK 从 r13 开始默认编译器从 GCC 变为 Clang，r18 中正式移除了 GCC。GCC 不支持 Oz 是指 Android 最后使用的 GCC4.9 版本不支持 Oz 参数）。Oz/Os 优化相比于 O3 优化，优化了产物体积，性能上可能有一定损失，因此如果项目原本使用了 O3 优化，可根据实际测试结果及对性能的要求，决定是否使用 Os/Oz 优化级别，如果项目原本未使用 O3 优化级别，可直接使用 Os/Oz 优化。

CMake 项目的配置方式（如果使用 GCC，应将 Oz 改为 Os）：

```
set(CMAKE_C_FLAGS "${CMAKE_C_FLAGS} -Oz")
set(CMAKE_CXX_FLAGS "${CMAKE_CXX_FLAGS} -Oz")
```

ndk-build 项目的配置方式（如果使用 GCC，应将 Oz 改为 Os）：

```
LOCAL_CFLAGS += -Oz
```

（四）其他措施

1. 禁用 C++ 的异常机制

如果项目中没有使用 C++ 的异常机制（如 try...catch 等），可以通过禁用 C++ 的异常机制来减小 so 的体积。

CMake 项目的配置方式：

```
set(CMAKE_CXX_FLAGS "${CMAKE_CXX_FLAGS} -fno-exceptions")
```

ndk-build 默认会禁用 C++ 的异常机制，因此无须特意禁用（如果现有项目开启了 C++ 的异常机制，说明确有需要，需仔细确认后才能禁用）。

2. 禁用 C++ 的 RTTI 机制

如果项目中没有使用 C++ 的 RTTI 机制（如 typeid 和 dynamic_cast 等），可以通过禁用 C++ 的 RTTI 来减小 so 的体积。

CMake 项目的配置方式：

```
set(CMAKE_CXX_FLAGS "${CMAKE_CXX_FLAGS} -fno-rtti")
```

ndk-build 默认会禁用 C++ 的 RTTI 机制，因此须需特意禁用（如果现有项目开启了 C++ 的 RTTI 机制，说明确有需要，需仔细确认后才能禁用）。

3. 合并 so

以上都是针对单个 so 的优化方案，对单个 so 进行优化后，还可以考虑对 so 进行合并，能够进一步减小 so 的体积。具体来讲，当安装包内某些 so 仅被另外一个 so 动态依赖时，可以将这些 so 合并为一个 so。例如，liba.so 和 libb.so 仅被 libx.so 动态依赖，可以将这三个 so 合并为一个新的 libx.so。合并 so 有以下好处：

第一，可以删除部分动态符号表项，减小 so 总体积。具体来讲，就是可以删除 liba.so 和 libb.so 的动态符号表中的所有导出符号，以及 libx.so 的动态符号表中从 liba.so 和 libb.so 中导入的符号。

第二，可以删除部分 PLT 表项和 GOT 表项，减小 so 总体积。具体来讲，就是可以删除 libx.so 中与 liba.so、libb.so 相关的 PLT 表项和 GOT 表项。

第三，可以减轻优化的工作量。如果没有合并 so，对 liba.so 和 libb.so 做体积优化时需要确定 libx.so 依赖了它们的哪些符号，才能对它们进行优化，做了 so 合并后就不需要了。链接器会自动分析引用关系，保留使用到的所有符号的对应内容。

第四，由于链接器对原 liba.so 和 libb.so 的导出符号拥有了更全的上下文信息，LTO 优化也能取得更好的效果。

可以在不修改项目源码的情况下，在编译层面实现 so 的合并。

4. 提取多 so 共同依赖库

上面“合并 so”是减小 so 总个数，而这里是增加 so 总个数。当多个 so 以静态方式依赖了某个相同的库时，可以考虑将此库提取成一个单独的 so，原来的几个 so 改为动态依赖该 so。例如 liba.so 和 libb.so 都静态依赖了 libx.a，可以优化为 liba.so 和 libb.so 均动态依赖 libx.so。提取多 so 共同依赖库，可以对不同 so 内的相同代码进行合并，从而减小总的 so 体积。

这里典型的例子是 libc++ 库：如果存在多个 so 都静态依赖 libc++ 库的情况，可以优化为这些 so 都动态依赖于 libc++_shared.so。

（五）整合后的通用方案

通过上述分析，我们可以整合出普通项目均可使用的通用的优化方案，CMake 项目的配置方式（如果使用 GCC，应将 Oz 改为 Os）：

```
set(CMAKE_C_FLAGS "${CMAKE_C_FLAGS} -Oz -flto -fdata-sections -ffunction-sections")
set(CMAKE_CXX_FLAGS "${CMAKE_CXX_FLAGS} -Oz -flto -fdata-sections -ffunction-sections")
set(CMAKE_SHARED_LINKER_FLAGS "${CMAKE_SHARED_LINKER_FLAGS} -O3 -flto  -Wl,--gc-sections -Wl,--version-script=${CMAKE_CURRENT_SOURCE_DIR}/version_script.txt") #version_script.txt 与当前 CMakeLists.txt 同目录
```

ndk-build 项目的配置方式（如果使用 GCC，应将 Oz 改为 Os）：

```
LOCAL_CFLAGS += -Oz -flto -fdata-sections -ffunction-sections
LOCAL_LDFLAGS += -O3 -flto -Wl,--gc-sections -Wl,--version-script=${LOCAL_PATH}/version_script.txt #version_script.txt 与当前 Android.mk 同目录
```

其中 version_script.txt 较为通用的配置如下，可根据实际情况添加需要保留的导出符号：

```
{
  global:JNI_OnLoad;JNI_OnUnload;Java_*;
  local:*;
};
```

说明：version script 方式指定所有需要导出的符号，不再需要 visibility 方式、attribute 方式、static 关键词和 exclude libs 方式控制导出符号。是否禁用 C++ 的异常机制和 RTTI 机制、合并 so 及提取多 so 共同依赖库取决于具体项目，不具有通用性。

至此，我们已总结出一套可行的 so 体积优化方案。

第九章 终端新玩法：“零代码”的剧本式引导

App 引导是端上做心智建设的重要手段，我们尝试了“剧本式”思维获得了较好效果。在想法落地时，相关研发工作量较大，而且终端技术栈多样化，需要做到“零代码”和“技术栈无关”。最终我们通过“图像匹配”与“标准协议”等核心方案实现了突破。本章将介绍该项目的思考过程，并会对关键技术方案进行剖析和解读。

一、现状

在提升用户心智、获得服务认同方面，业界也做了很多尝试，包括丰富多样的轻交互，也有“保姆式”的游戏引导教学。这些实现方式归结到技术层面，都是 App 中的功能引导，它可以让用户在短时间内快速了解产品特色及产品使用方式。相对于“广告投放”“口号传播”“地推介绍”等传统方案，App 中的功能引导具备成本低、覆盖准、可复用等特点。

App 功能引导是用户心智建设的“敲门砖”，只有让用户熟悉平台操作、了解产品特色作为前提，才能进一步借助情感化、场景识别、运营技巧等手段来做用户心智建设。随着 App 功能的不断迭代，在用户中逐渐出现了“用不明白”的现象，这个现象在商家客户端尤为突出。作为商家生产运营的主要工具，客户端承载的业务功能复杂多样，设置项更是品类繁杂，如果商家用不明白，就会对整个运营体系造成非常不利的影响。

二、目标与挑战

基于上述现状，我们迫切需要提供一种解决方案，让业务方可以更快捷地落地自己的想法，在控制好成本的情况下，更好地建设用户心智。同时，解决目前积压的业务任务，包括但不限于操作教学、功能介绍、情感化、严肃化等场景。于是剧本式引导项目（application scripted guidance, ASG）就应运而生了。

（一）项目目标

我们的项目目标是搭建一套好用的剧本式引导工具，即便是非技术人员也能独立完成生产与投放，并且相比传统方案的成本更低、效果更好，目前主要应用在“操作引导”与“心智建设”等场景。

这里的“剧本”怎么理解？就是带入一个实际场景，模拟一个期望达成的目标，带领用户为此目标而进行一系列的操作指引。用户可感受整体流程及其中的关联与时序关系。也可以理解为，这是一个预先安排好的小节目，一步一步展示给用户，可能需要交互也可能不需要。

而剧本化的引导方式，之前在游戏类 App 应用比较常见，比如遇到了一个火属性敌人，所以要去武器界面，选中某武器，换上水属性宝石。近两年，剧本化的引导逐步在展示类 App 与工具类 App 中也开始被使用起来。

此前，商家端的“开门营业”“模拟接单”等引导需求就使用了类似的思想，这种方式更加先进，但开发成本较高，所以导致后续引导类需求的积压。

（二）收益测算逻辑

剧本式引导项目的收益测算逻辑是“降本增效”，这里的“效”既指“效率”也指“效果”，结果数据测算公式为：提效倍数 x =（1/（1 —成本缩减比））×（ 1 + 产品指标增长比），因此目标可拆解为如下两个方向。

• 更低的生产成本，借助一些端能力和配置能力，通过简易的交互，就可以让产品与运营人员独立上线剧本。“零代码”与“技术栈无关”作为项目的核心竞争力。我们提供标准化的框架，并通过一些参数与类型的调配来应对不同的需求场景，在大框架中提供有限的定制能力。

• 更高的应用效果，相比于传统的功能引导，剧本式引导可以更加生动，能够融合更多元素（不僵硬的语音、恰逢时机的动效、和蔼的 IP 形象），从而带来沉浸式的体验，增强用户感知。更加关注与用户的交互 / 互动，操作后的反馈最好是真实页面的变化，加深用户的理解。时机更加可控，在满足规则后自动触发，后台可筛选特定特征的用户（比如用不明白的用户）定向下发剧本引导。

（三）面临的挑战

（1）目前，Flutter/React Native/ 小程序 /PWA 等终端技术栈各有各的适用场景，App 大多数为几种技术栈的组合，如何抹平差异，做到技术栈无关（容器无关性）？

（2）剧本执行的成功率与健壮性如何保证（MVP 版 Demo 的成功率仅达到 50%，稳定版目标要达到 99%）？

（3）怎样落实"零代码"的剧本生产方案，以支持产运独立发布（之前类似单任务需要研发 20 ~ 50 人日）？

三、整体设计

（一）展示形式选择

项目主体应该选择基于什么样的形式？我们的思路是先确定"好的效果"，再去尝试在此形式下做到"更低的成本"。

"好的效果"自然是期望体现在产品指标上，但是前期，在数据对比方面不同的场景落地指标跨度较大，对于不同的形式也难以拉齐标准进行横向比较。所以，我们从"学的越多才能会的越多"的角度推演，通过平台传递的信息能否被更多用户接受来衡量最终产品效果。

表 9-1 含视频教学的业务数据表

视频时长	新店必看（141 s）		新店配置活动（118 s）		勤看数据（90 s）		新店顾客分析（100 s）		维护评价（95 s）	
	播放次数	次均播放时长	播放次数	次均播放时长	播放次数	次均播放时长	播放次数	次均播放时长	播放次数	次均播放时长
日均	557.66	70.29	40.71	65.70	232.43	59.01	168.28	66.09	124.85	63.16

我们选取了一些之前含视频教学的业务数据，平均播放时长比例在 50% ~ 66%，大多数用户没有看完整个视频（见表 9-1）。我们分析后认为，因为用户理解的速度有慢有快，稍长的视频内容如果吸引力不够大，或不能贴合用户理解的节奏，就很难被看完。同时，视频传播是单向的，缺乏互动，且不是剧本式思路。于是我们在一些引导需求上试点了基于真实页面开发、带有一定剧本、可交互的引导（左上角设有常驻按钮，用户可以随时退出引导）。

表 9-2 交互式引导用户接受度表

剧本示例	新店在线联系（共 17 步）			新店配置商品（共 14 步）			新店换购活动创建 （共 10 步）		
	触发次数	次均完成步骤数	用户接受比	触发次数	次均完成步骤数	用户接受比	触发次数	次均完成步骤数	用户接受比
日均	616	14.26	83.9%	168	10.73	76.6%	57	8.11	81.1%

试点的结果符合我们的预期。基于真实页面开发且可交互的引导，的确可以更好地被用户所接受。引导完成步数比例为 76% ~ 83%，相比于平均播放时长，比例明显更高（见表 9-2）。

其实，常规的展示形式上还包括图片组，这个基本是强制用户点完才能进入该功能，可以应用于一些建议的引导场景，但对于一些中等复杂度及以上的引导案例，这里的数据就不具备参考意义了。 我们基于一些采集到的数据和基本认知，对以上三类做了一个对比，如表 9-3 所示。

表 9-3 三类引导的对比数据表

展示形式	研发成本	视觉与产运成本	互动	节奏可控	下发资源大小	用户体验	用户学习到的比例	维护成本
图片组	低	中	无	是	平均 1.2 MB	低	-	低
产运制作视频并配音	低	高	无	否	平均 8.6 MB	中	50% ~ 65%　avg 59%	中
基于真实页面开发&展示	高	中	支持	是	0.1 MB 以内	高	76% ~ 83%　avg 80%	较高

我们得到结论是，如果想要得到更好的效果，以用户为中心设计一些更能被用户所接受的引导，基于真实页面研发有着明显的优势，但是这么做的缺点是开发成本较高。目前，简易的试点已经获得了不错的提升效果，所以产研人员有信心在引入更多客户端功能与调优后，使整体效果获得更大的提升空间。

（二）方案描述

剧本式引导项目的目标受众是产品运营人员，我们尝试从他们的角度思考：怎样才算是一个便捷且高效的“剧本式引导生产与投放工具”？

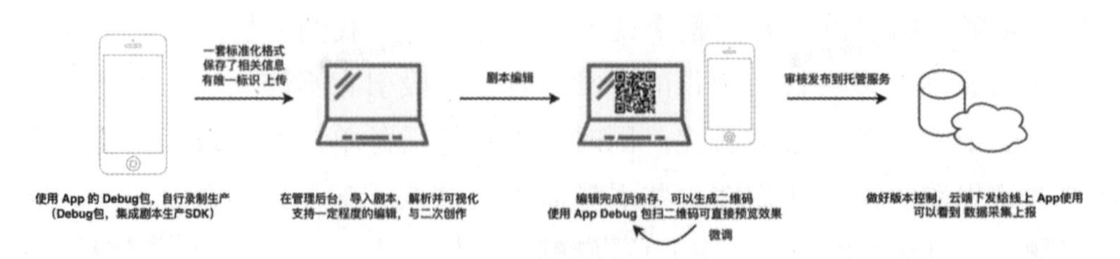

图 9-1 产品运营视角流程图

如图 9-1 所示，我们提供给产品运营人员的交互仅有录制、编辑、预览、发布等四个步骤，当产品运营人员需要在业务模块上线引导时，只需拟定一个剧本，然后只用四步即可完成这个“需求”，整个流程几乎不需要研发和设计人员的参与。

在具体的执行方案中，我们对剧本引导进行了模板化的设计编排，将每个引导动作抽象成一个事件，多个事件组合形成一个剧本。同时，为保证不同终端的兼容性，我们设计了一套标准且易扩展的协议描述剧本元素，运行时 PC 管理后台和 App 可自动将剧本解析成可执行的事件（如坐标点击、页面导航、语音播放等）。

核心的功能模块在剧本的执行侧。为了保证更高的应用效果，我们要求引导过程与用户的交互，均操作在真实的业务页面，播放展示的元素也要求是实时计算与绘制的，这对系统性能与准确性提出了更高的要求。系统的全景图如图 9-2 所示，由终端侧、管理后台与云服务三个部分组成。

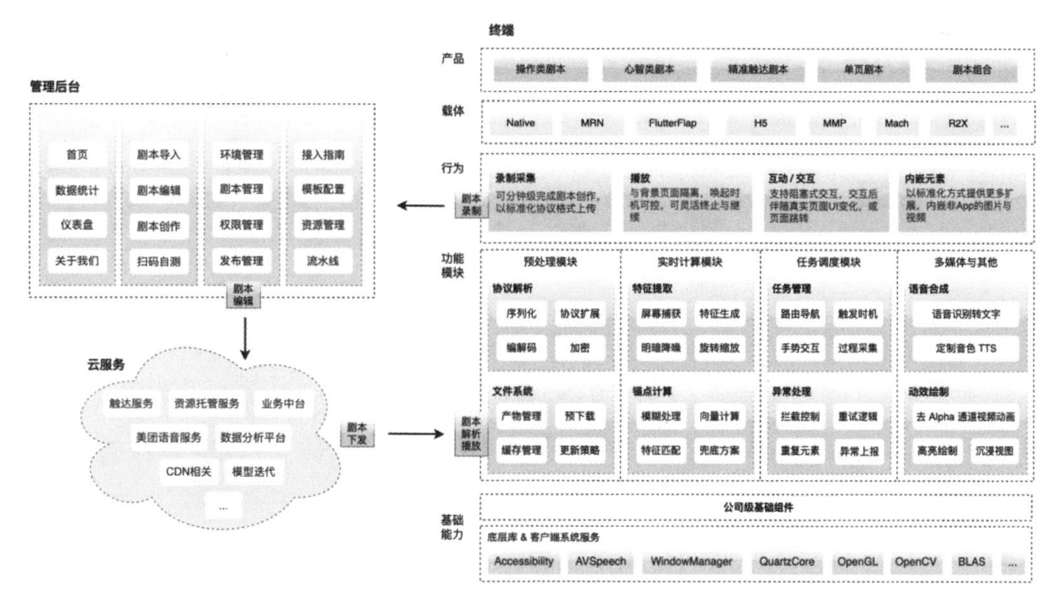

图 9–2　系统全景图

终端侧：包括两个职能，既具备剧本的录制能力，也具备剧本的播放能力，由四个功能模块构成。预处理模块负责剧本的资源下载、协议解析、编解码等操作，是保障剧本成功执行的前置环节；实时计算模块则通过屏幕捕获、特征匹配、图像智能，完成动态获取剧本锚点元素的信息，保证了剧本引导的精准展示，是实现剧本引导技术栈无关的核心环节；任务调度模块主要通过事件队列的实现方式，保证剧本有序、正确执行；多媒体模块负责语音合成和动效绘制，在特定业务场景为剧本播放提供沉浸式的体验。同时，PC端在客户端的基础上进行了能力的扩展，对于常见的React/Vue/Svelte网页应用，都可以低成本地接入和使用。

管理后台：包括剧本编辑、导入和发布、权限控制、数据看板等功能模块。其中剧本编辑模块，承载了剧本协议的解析、编辑、预览等关键功能，操作界面按功能划分为以下区域（见图9-3）。

• 事件流控制区域：以页面帧的形式展示剧本流程中的事件，提供动态添加与删除、调整页面帧顺序等编辑功能。

• 协议配置区域：依照剧本的标准协议，通过可视化页面帧配置项，生成满足需要的引导事件；同时提供丰富的物料，满足心智类剧本的情感化创作。

• 剧本预览区域：支持通过二维码扫描，实现便捷、无差别的效果预览，保证与最终呈现给用户的引导效果一致。

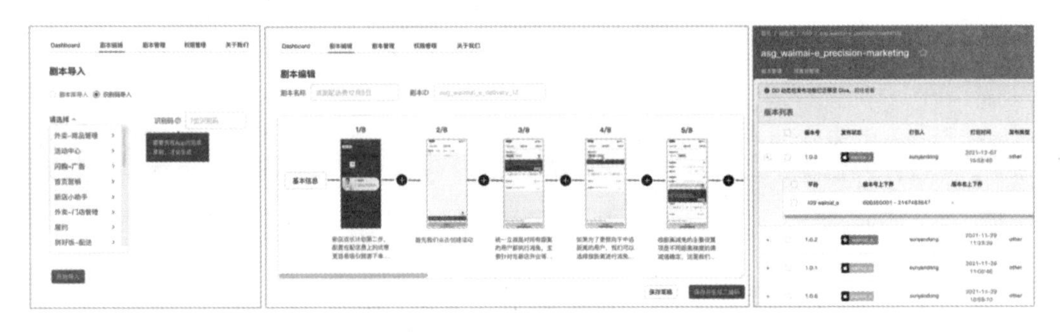

图9–3 管理后台

云服务：依赖底层云服务平台，在剧本编辑完成后，需要资源托管服务、CDN等进行资源的管理及分发，完成剧本的下发及更新。业务中台在端侧SDK和后台策略配置的共同作用下，提供了更细粒度的下发配置、更丰富的触达时机，满足业务侧按时间、城市、账号与门店、业务标签等维度配置的诉求。

四、部分技术方案剖析

（一）基于视觉智能的区域定位方案

在引导过程中，需要对关键路径上目标区域设置高亮效果。在技术栈无关的前提下，基本思路是线下截取目标区域，线上运行时全屏截图，通过图像匹配算法，查找目标区域在全屏截图中的位置，从而获得该区域坐标，如图 9-4 所示。

图 9–4　高亮识别效果

整体思路看起简单，但在具体的实践中却面临着诸多的挑战：

（1）圆角类图标的 UI 元素（RadioButton 、Switch）在边缘区域能检测到的特征点过少，导致匹配成功率低。

（2）小字体的区域，在低分辨率情况下无法检测到足够的特征点，放大分辨率可以提升匹配精度，但是耗时也会成倍增加。

（3）在不提供初始位置的条件下，只能做全图检测和暴力匹配，需要检测和存储的特征点数量太庞大，尤其是复杂画面和高分辨率图像，移动设备上性能和内存开销无法接受。

（4）终端手机设备屏幕分辨率目前有几十种，算法需要适配多种分辨率。

（5）端侧部署，对算法库的包大小、性能、内存占用都有要求，例如 OpenCV，即使经过精心的裁剪之后仍然有 10 ~ 15 MB，无法直接集成到线上 App 中。

经过理论研究与实践试点，最终我们采用的是传统计算机视觉（computer vision, CV）+ 人工智能的解决方案，大部分场景可以基于传统计算机视觉的角点特征检测和匹配得到结果，未命中的则继续通过深度学习网络的检测和跟踪来获取结果。在工程部署方面也做了相应的优化。接下来将详细介绍这个方案的实现。

1. 图像匹配流程概要

图像匹配算法由信息提取、匹配准则两部分组成。根据信息载体的二维结构特征是否保留，匹配算法可分为基于区域的信息匹配与基于特征的信息匹配，如图 9-5 所示。

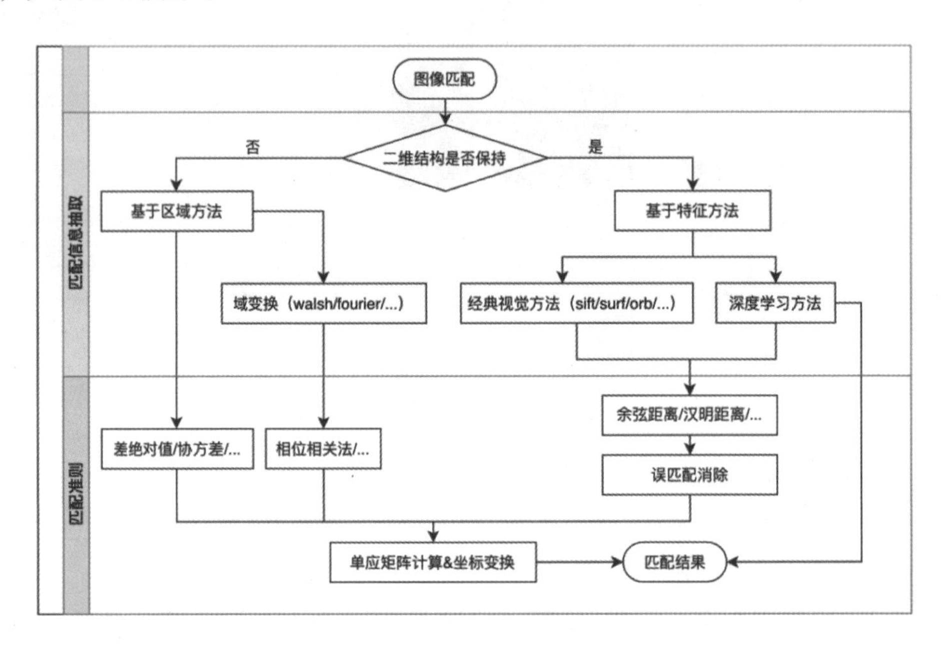

图 9–5　图像匹配流程概要

基于区域的图像匹配方法，采用原始图片或域变化后的图片作为载体，选取最小信息差异区域作为匹配结果，该方法对于图像形变、噪声敏感等处理不佳。而基于特征的图像匹配方法，丢弃了图像二维结构信息，提取图片的纹理、形状、颜色等特征及位置信息描述，进而得到匹配结果。基于特征的算法鲁棒性好、信息匹配步骤速度快、适应性强，应用也更加广泛。

2. 基于传统计算机视觉特征的图像匹配

其实该项目的应用场景，属于典型的感兴趣（region of interesting, ROI）区域检测、定位，传统计算机视觉算法针对不同的使用场景已经有很多比较成熟的算法，如轮廓特征、连通区域、基于颜色特征、角点检测等。角点特征是基于中心像素与周围像素亮度差异变化剧烈，且基本不受旋转、缩放、明暗等变化影响的特征点，经典的角点检测有 SIFT、SURF、ORB 等，相关研究业界已经有很多。

E. 卡拉米（E. Karami）等人在 2017 年发表的一份对比研究结果（如图 9-6 所示）表明：在绝大多数情况下，ORB 最快，SIFT 匹配结果最好，ORB 特征点分布集中在图像中心区域，而 SIFT、SURF、FAST 则分布在整张图上。目标区域可能位于图片的中心、四角等任何位置，所以 ORB 对于边缘区域的目标区域匹配失败的概率会偏大，需要特殊处理。

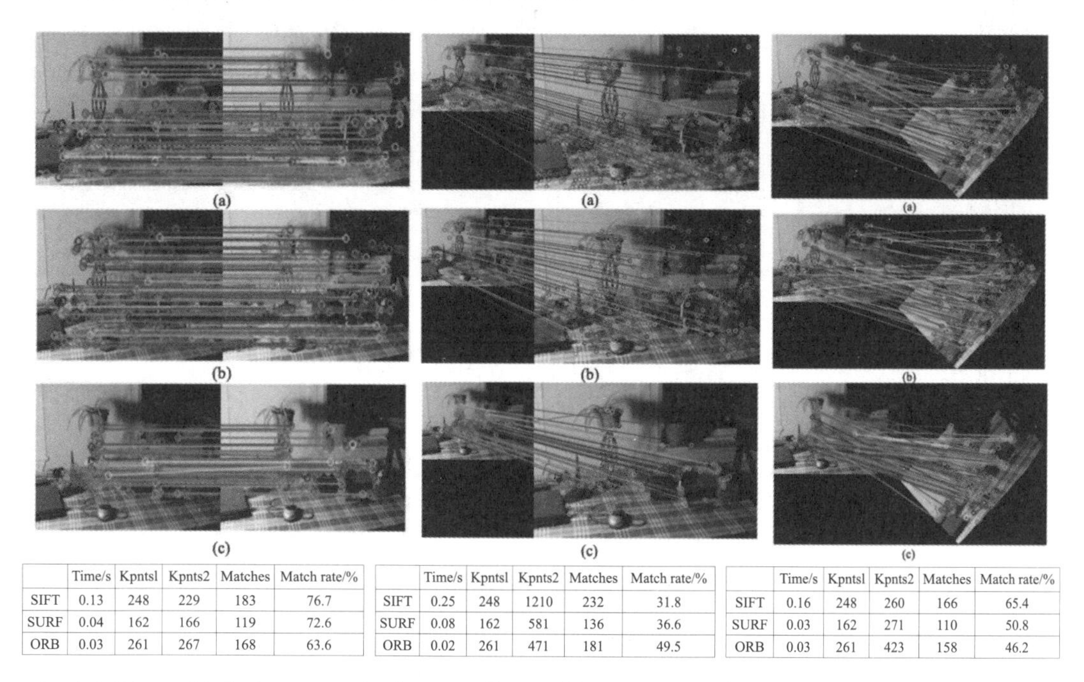

	Time/s	Kpntsl	Kpnts2	Matches	Match rate/%
SIFT	0.13	248	229	183	76.7
SURF	0.04	162	166	119	72.6
ORB	0.03	261	267	168	63.6

	Time/s	Kpntsl	Kpnts2	Matches	Match rate/%
SIFT	0.25	248	1210	232	31.8
SURF	0.08	162	581	136	36.6
ORB	0.02	261	471	181	49.5

	Time/s	Kpntsl	Kpnts2	Matches	Match rate/%
SIFT	0.16	248	260	166	65.4
SURF	0.03	162	271	110	50.8
ORB	0.03	261	423	158	46.2

（a）SIFT （b）SURF （c）ORB 的匹配结果：不同强度（左）缩放（中）旋转（右）

图 9-6 对比研究结果图

总体来讲，一个效果好的特征检测匹配算法，需要同时具备：尺度不变性、旋转不变性、亮度不变性，这样才能适应更多的应用场景，具有较好的鲁棒性。下面我们以 ORB 为例，简单阐述一下算法的计算过程。

ORB = Oriented FAST + Rotated BRIEF（下文用 OFAST 与 rBRIEF 代替），ORB 融合了 FAST 特征检测和 BRIEF 特征描述算法，并做了一些改进，即采用改进的 OFAST 特征检测算法，使其具有方向性，并采用具有旋转不变性的 rBRIEF 特征描述子。FAST 和 BRIEF 都是非常快速的特征计算方法，因此 ORB 获得了比较明显的性能提升。

要想判断一个像素点 P 是不是 FAST 特征点，只需要判断其周围 7 × 7 邻域内的 16 个像素点中是否有连续 N 个点的灰度值与 P 的差的绝对值超出阈值。此外，FAST 之所以快，是因为首先根据上、下、左、右 4 个点的结果做判断，如果不满足角点条件则直接剔除（见图 9-7）；如果满足，再计算其余 12 个点，由于图像中绝大多数像素点都不是特征点，所以这样做的结果，用深度学习“炼丹师”的话来说，就是“基本不掉点”，且计算时间大大减少。对于相邻的特征点存在重复的问题，可以采用极大值抑制来去除。

（左）邻域 16 个点的位置　　（右）上、下、左、右 4 个点

图 9–7　FAST 特征点的判断区域

改进后的 OFAST 会针对每个特征点计算一个方向向量。研究表明，通过从亮度中心至几何中心连接的向量作为特征点的方向，会比直方图算法和 MAX 算法有更好的效果（见图 9-8）。

图 9–8　OFAST 方向向量的计算

ORB 算法的第二步是计算特征描述符。这一步采用的是 rBRIEF 算法，每个特征描述符是仅包含 1 和 0 的长度为 128 ~ 512 位的向量。得到特征点和特征描述符之后，就可以做特征匹配了。此外，特征匹配算法也比较多，为了简化计算，我们这里采用了 LPM 算法。得到筛选后的特征对后，计算它们的外接矩形包围框，反变换到原图坐标系就可以得到目标的区域位置坐标。

基于纯传统讲算机视觉算法测试的结果表明，特征点数量对匹配的召回率有直接影响：特征点较少，召回率偏低，则无法满足业务需求；特征点超过 10 000 点，则会严重影响算法性能，尤其是在移动端设备上的性能，高端机型上耗时在 1 秒以上。我们针对目标区域小图和原图设定不同特征点数量，然后做匹配，这样可以兼顾性能和匹配精度。

不同配置参数实测的特征点和匹配结果如图 9-9 所示，针对大多数图像、文字内容的区域，特征点在 5 000 以上，匹配结果不错，但还存在常见区域匹配失败的情况；特征点在 10 000 以上，除了一些特殊案例，大多数场景匹配结果都比较满意。如果不提供目标区域的大概初始位置（真实情况），基本上大多数区域需要 10 000～20 000 特征点才能匹配，端侧性能就是个问题。

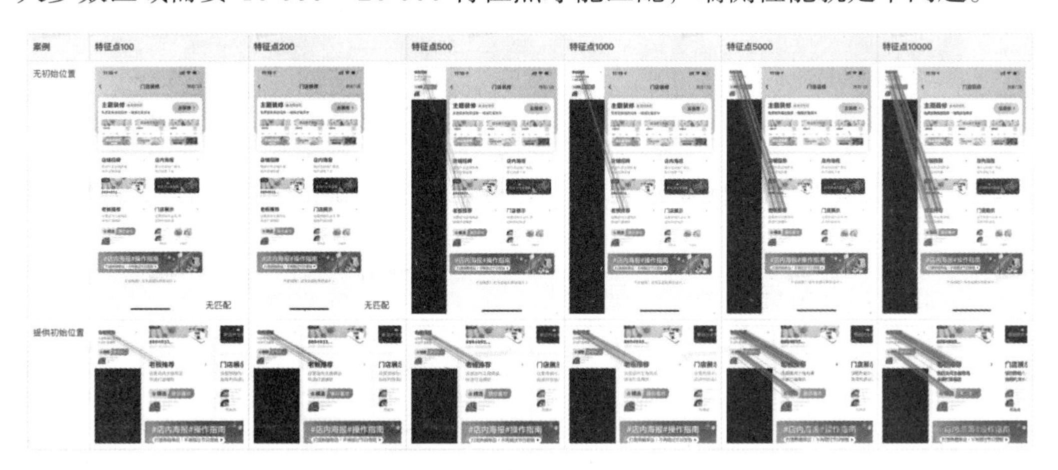

图 9–9　实测结果：匹配的召回率与特征点数量直接相关

3. 基于深度学习的图像匹配

基于传统计算机视觉存在的弊端和一些无法解决的问题，我们需要具有更强图像特征表达能力的算法来进行图像匹配。近些年，深度学习算法取得了巨大的突破，同样在图像的特征匹配领域中也取得了较大的成功。在本应用场景中，我们需要算法在全屏截图中快速定位一个子区域的具体位置，即需要一个模型通过一个区域中局部区域的特征快速定位其在全局特征中对应的位置。该问题看似可以使用目标检测的相关算法进行求解，但是一般目标检测算法需要目标的类别或语义信息，而我们这里需要匹配的是目标区域的表观特征。

针对该问题，我们采用了基于目标检测的图像跟踪算法，即将目标区域视为算法需要跟踪的目标，在全屏截图中找到我们要跟踪的目标。在具体实现过程中，我们使用类似于 GlobalTrack 的算法，首先会提取目标区域对应的特征，并使用目标区域的特征来对全屏截图的特征进行调制，并根据调制之后的特征来对目标区域进行定位，并根据移动端计算量受限的特性，我们在 GlobalTrack 的基础上设计了一个单阶段的目标检测器来对该过程进行加速（见图 9-10）。

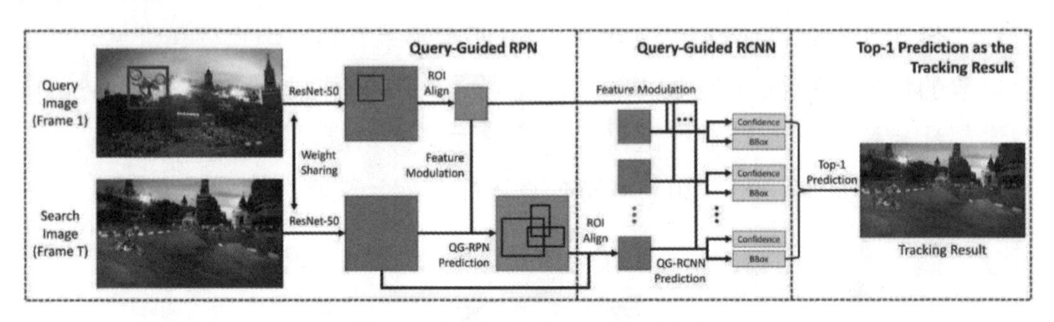

图 9–10　GlobalTrack 示意图

由于我们直接使用目标区域的特征来引导目标检测的过程，所以其能够处理更为复杂的目标区域，比如纯文本、纯图像或图标、文字图像混编等，凡是能在 UI 上出现的元素都可能是目标区域，如图 9-11 所示的一些示例。

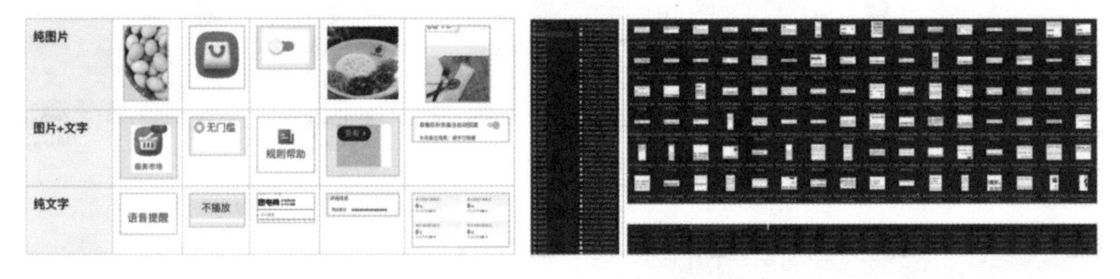

图 9–11　目标区域示例与包含不同尺寸类别组合的训练数据

结合业务场景，要求针对移动设备上 App UI 画面的任何局部区域做到精确定位。如上述的分析，该问题既可以看作一个目标检测和匹配的问题，又可以看作一个目标跟踪问题。同时算法需要能够适配不同内容的感兴趣区域、不同的屏幕分辨率、不同的移动设备。

4. 我们选择的方案

前文提到，我们采用的是计算机视觉 + 人工智能解决方案，这样的优点：一方面，解决传统计算机视觉检测无法覆盖全场景的问题；另一方面，优化性能，减少移动端设备的耗时。

在工程部署方面，我们采用纯 C 实现检测和匹配算法，并且对 ORB 算法做了一些定制化修改。此外，我们采用多线程、Neon 优化等手段提升性能，从 800 毫秒优化到 100 毫秒。最终的版本不依赖 OpenCV 及第三方库，大大减小了算法库的包大小。深度学习模型基于 MTNN 端侧推理引擎获得了最优的推理性能和精度。在中高端机型上，可以启用异构硬件并行加速，计算机视觉与人工智能并行计算，在 CPU 上执行特征检测的计算，同时在 GPU 或 NPU 上执行模型推理，然后做融合，这样可以在不增加 CPU 负载的情况下提升性能和准确率。

（二）保证任务执行的健壮性

1. 任务执行感知

传统方案在做开发引导时，我们可以通过函数回调、广播、组件变化等多种方式获取任务执行状态。但在技术栈无关前提下，感知引导过程失败、感知用户执行 / 点击是否正确，相比之下就比较困难。同时，还要精确甄别出错误类型，增加特定步骤的重试方案，尽可能保证剧本的执行通畅，在极少数遇到阻塞是错误时，需要及时确认、上报错误并退出引导，减少对用户的影响（见图 9-12）。

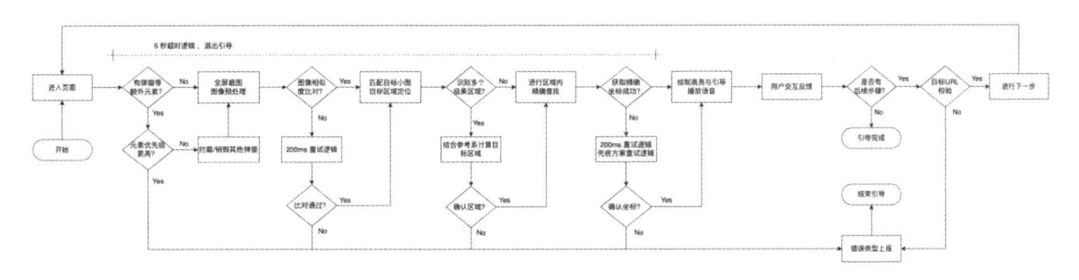

图 9–12　任务执行流程图

首先，比较优雅的"黑盒"方案是使用图像相似度对比技术，此能力模型在视觉智能中比较基础，在通过跳转来到目标页面后，会截图与目标特征进行比较，进行快速容错。根据线下的大量测试数据，去除一些极端情况，我们发现在不同的阈值下是有规律的，如图 9-13 所示。

• 相似度 80% 以上的区间，基本可以确定目标页面准确，受一些角标或图片区块加载的影响没达到更高。

• 相似度 60% ~ 80% 的区间，是在一些列表样式或背景图、横幅图有些许差异导致的，可以模糊判定命中（上报数据但不用上报异常）。

• 相似度 40% ~ 60% 的区间，大概率遇到了对应模块的 UI 界面改版，或者有局部弹窗，这时就需要进行一些重试策略适时上报异常。

• 相似度 40% 以下，基本确定跳转的是错误页面，可以直接终止引导流程，并上报异常。

图 9–13　图片相似度部分案例实测效果

同时，我们在端侧也有一些判定规则来辅助图像对比的决策，比如容器路由 URL 比对，当图像对比不匹配但容器路由 URL 准确时，会有一些策略调整并进行重试逻辑。在确认页面准确后，才会进行高亮区域寻找及后续的绘制逻辑。最后兜底可以通过超时失败的方式自然验证，一个剧本关键帧的完整判定流程，我们设置了 5 秒的超时策略。

2. 关于尺度与旋转不变性

为了在尺度上具有更好的健壮性，计算过程首先会对图像做高斯模糊，去除噪声的影响，并且对图像做下采样生成多层图像金字塔，对每一层都做特征检测，将所有特征点集合作为检测到的特征点结果输出，参与后续特征匹配计算。为了应对图像旋转的情况，可以加入 rBRIEF，rBRIEF 从给定特征点的 31 × 31 邻域内（称为一个 Patch）随机选择一个像素对。

图 9-14 展示了采用高斯分布采样随机点对的方法，蓝色正方形像素，是从以关键点为中心的高斯分布中抽取的一个像素，标准偏差 σ；黄色正方形的像素，是随机对中的第二个像素，它是从以蓝色正方形像素为中心的高斯分布中抽取的像素，标准偏差为 σ/2。经验表明，这种高斯选择提高了特征匹配率。当然也有其他选择方式，我们这里就不一一列举了。首先，根据特征点方向向量构造旋转矩阵，并对 N 个点对做旋转变换，使得每个点对与该特征点的主方向一致，然后再根据点对来计算特征向量。因为特征向量的主方向与特征点一致，意味着 rBRIEF 可以在朝着任何角度旋转的图像中检测到相同的特征点（见图 9-14）。

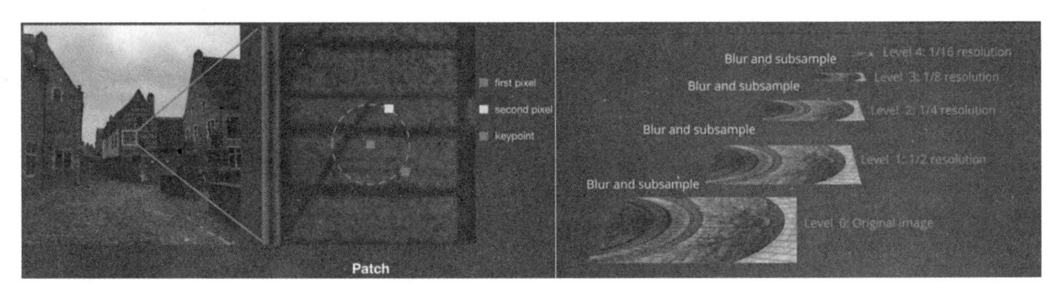

图 rBRIEF 随机像素对的选择（左）；图像金字塔（右）

图 9–14 采用高斯分布采样随机点对

3. 其他容错处理

对于页面中存在多个相同或类似元素的场景，不能草率地选择任意一个区域。因此，在进行目标区域定位时，我们需要在检索目标区域的基础上，结合目标周围信息，提供一个参考区域。运行时，提供目标区域图像信息及参考区域图像信息，查询到多个目标结果后，再查询参考区域所在位置，通过计算，离参考区域最近的目标区域则为最终目标区域。

对于页面中出现的不同技术栈弹窗场景，由于出现时机也不确定，一旦出现，容易对目标区域造成遮挡，影响整个引导流程，需要对各类弹窗进行过滤和拦截。针对 Native 技术栈，我们通过对统一弹窗组件进行拦截，判断执行过程中禁止弹窗弹出，引导过程中业务认为非常重要的弹窗则通过加白处理。在 Flutter 上则采用全局拦截 NavigatorObserver 中的 didPush 过程，拦截及过滤 Flutter 的各类 Widget 、Dialog 及 Alert 弹窗。关于 Web 上的处理，由于 Web 弹窗业务方比较多，没有特别统一的弹窗规范，特征比较难取；目前是在 Web 容器中注入一段 JavaScript 代码，给部分有弹窗特征和指定类型的组件设置隐藏，考虑到拓展性，JavaScript 代码设置成可动态更新。

对于部分页面元素复杂而导致加载时间稍长的场景，剧本播放时也会基于录制侧提供的 delayInfo 字段，进行一些延迟判定策略。

基于前面的努力，剧本的执行链路成功率（见图 9-15）基本可以达到 98%，部分成功率较低的剧本可以根据维度下钻，查询具体的异常原因。

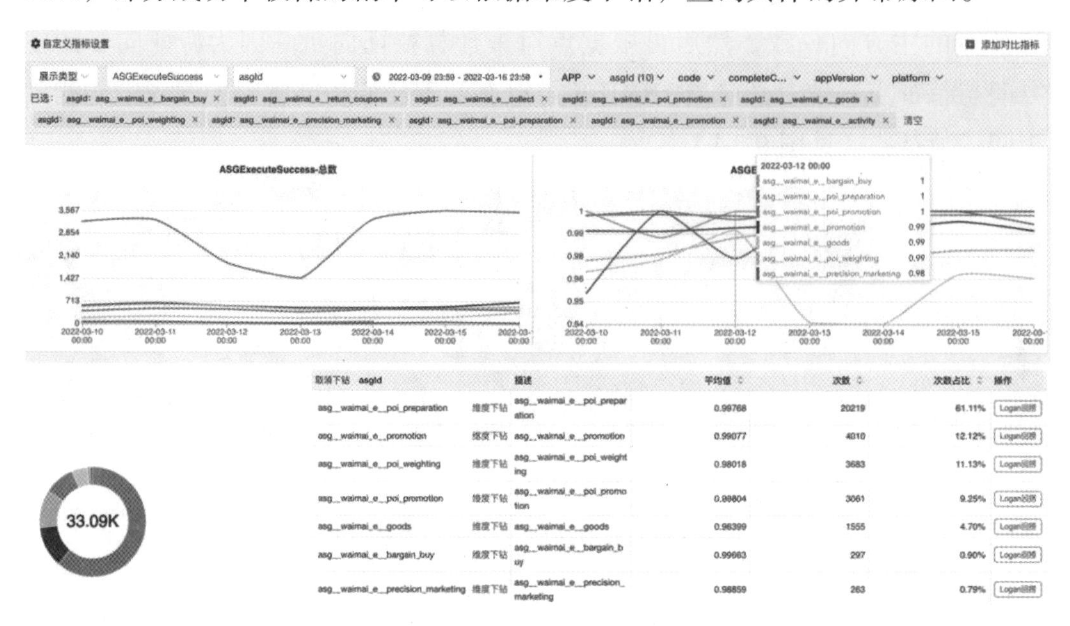

图 9–15　部分链路指标监控

（三）零代码完成剧本创作与编辑

把一个剧本的生命周期划分为“生产”和“消费”两个阶段，“生产”阶段对应的是剧本录制完成并上传至管理后台进行编辑的过程，“消费”阶段则对应下发与播放。如果说前两个挑战主要聚焦在“消费”，那么这里的挑战则主要聚焦在“生产”方面。接下来，我们将从“录制端侧赋能”与“标准协议设计”两个方面进行详细的介绍。

1. 录制端侧赋能

集成录制 SDK 在移动端受限于屏幕尺寸，不易进行精细化创作，所以它的定位是进行基础剧本框架的创作与录制。

在此过程中，录制 SDK 首先要记录用户的操作信息和页面的基础信息，信息录入者在使用录制功能时，录制 SDK 会同步记录当前页面信息及与之相对应的音频录入，形成一个关键帧，后续录制以此类推，当所有信息录入完成之后，生成的多个关键帧会组成关键帧序列，结合一些基本信息，形成一个剧本框架，上传至服务器，便于录制者在后台进行精细化的创作。

同时录制 SDK 需要主动推断用户意图，减少录入者编辑。我们将关键帧的录入，按照是否产生页面跳转分为两种类型，对应不同类型，自动生成相异的路径。当录入者的操作产生页面跳转时，录制 SDK 在确定该操作的分类同时，主动将该处的语音输入标记为下一关键帧的描述，以减少录制者的操作。

录制全程，每个页面的打开时间也被作为关键帧的一部分记录下来，作为参考信息，帮助录入者调整剧本节奏（见图 9-16）。

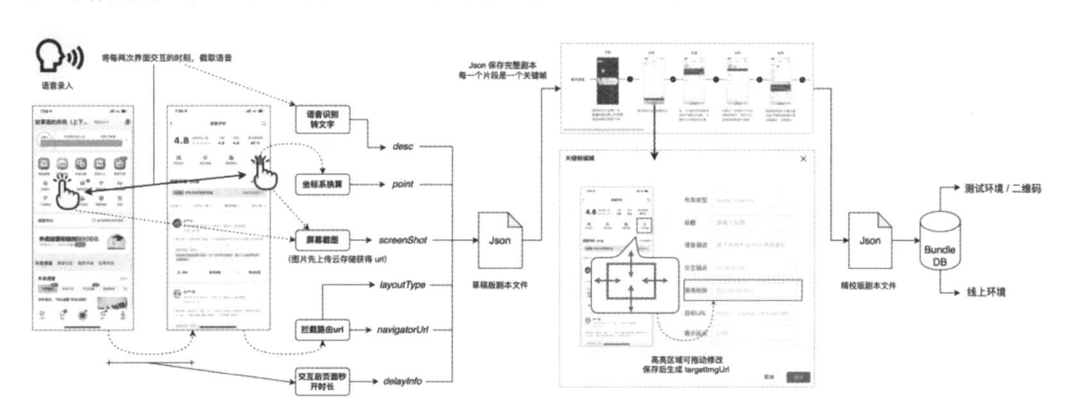

图 9–16 剧本录制侧示意图

2. 标准协议设计

标准协议作为"零代码"的基石串联了录制到编辑的整个过程。

在当前 App 中，操作类引导场景有数十种，我们通过传输模型和视图模型的结合，将核心字段提取，冗余字段剥离。在保证标准化与兼容性的前提下，将数十种场景抽象为四种通用事件类型，为关键帧的编排及业务场景的覆盖提供了便利。对心智类剧本而言，会随着用户的交互操作不断产生新的分支，最终成为一个复杂且冗余的二叉树结构。我们在设计此类协议时，将二叉树节点进行拍平，存储为一个哈希映射（HashMap)，两个关键帧的衔接可以以 id 为标识。

用户在使用 App 时，在某些需求指引下，会产生心智类和操作类剧本引导交替出现的情况。例如，商家（用户）打开推广页面后，出现一个心智类剧本——小袋动画伴随着语音：“老板好，小袋发现您开店 3 个月了，还没有使用过门店推广功能呢，请问您是不会操作还是担心推广效果不明显呢？”屏幕中会伴随两个按钮选择：①不会操作；②担心推广效果。此时，如果用户点击了①，会转向“操作类”剧本，所以我们在设计协议时，要尤为关注两种剧本的衔接。在这里，我们将协议进行了细化，将基础能力协议与展示类协议进行拆分。两种剧本共用一套基础能力协议，防止出现兼容性的问题（见图 9-17）。

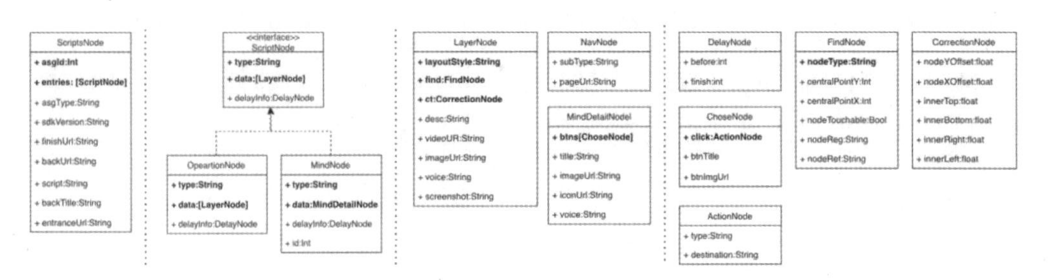

图 9-17　部分协议节点设计

管理后台的编辑器引擎解析剧本协议后，完成内置逻辑的初始化，以及引导剧本中事件关键帧的渲染。编辑器引擎内部基于事件机制实现了可订阅的功能，当关键帧触发插入、编辑、调整顺序等事件时，所有其他的关键帧都可以订阅以上核心事件，实现完整的联动效果。编辑加工后的剧本协议接入统一的动态下发平台，实现剧本的灰度、全量、补丁的动态化发布功能。编辑器内建完整的生命周期，在操作的不同阶段暴露完整的事件钩子，支持良好的接入和扩展功能。

五、阶段成果

（一）能力建设

我们抽象了两种标准样式的剧本——操作引导类剧本和概念类剧本，线上使用较多的是操作引导类剧本，大多是之前积压的任务。目前，我们已经迭代出了一种标准化形态，接入方便，一般在新模块的提测期间，产品运营人员快速为此需求安排操作引导剧本跟随需求同步上线，也可以针对现有复杂模块设置引导，默认藏在导航栏的“？”图标里，在合适的时机进行触发。

同时，用户心智建设不仅仅是常规的产品操作引导，我们也提供了心智类剧本（也叫"概念类剧本"），可以应用在需要"理念传递"或"概念植入"的场景里。在合适业务场景以拟人化的方式给用户传递平台的制度与规范，让用户更容易接受平台的理念，进而遵守经营的规范。比如：可以在商家阅读差评时，执行一个情感化剧本（大概内容为差评是普遍现象，每 ×× 条订单就容易产生一条差评，所以不用过于担心，平台也有公正的差评防护与差评申诉规则）；如果商家出现违规经营，也可以执行一个概念强化的严肃类剧本（大概内容为平台非常公正且有多重检查措施，不要试图在申诉中上传不实材料侥幸过关）。

值得一提的是，在这个过程中产出的图像特征定位、去 Alpha 通道的视频动画等能力也完成了技术储备，可以提供给其他场景使用。前文核心技术内容也申请了两项国家发明专利。

（二）部分业务线上效果

• 新店成长计划，是剧本式引导应用的首个大需求。支撑新店成长计划项目顺利上线，目前的结果非常正向。ASG 支撑了整个项目 78.1% 的引导播放量，单个剧本开发成本小于 0.5 天。综合观测指标"商家任务完成度"同比观测周期内，从 18% 提升至 35.7%，其他过程指标也有不同程度的提升。

• 超值换购，提供了心智类指引，是指导商家用最优的方式创建换购活动，结合过程数据预估访购率从 4% 提升至 5.5%，活动商家订单渗透率从 2.95% 提升至 4%，均有 35% 左右的涨幅。

• 配送信息任务引导，优化配送信息任务整体流程的行动点引导，避免引起商家行为阻塞，降低了用户操作成本与理解成本，提升商家在开门营业阶段满意度，同时提升商家对配送服务的认知度水平。

从最终的结果来看，成本的降低远比效果提升更加明显，所以本章对前者的论述篇幅明显多于后者。目前，在效果提升层面，主要是对一些端能力比较基础的组合使用，对于效果提升我们并不担心，业内前沿的创新技术还有很多可以探索的可能，我们也会逐步跟进，使剧本效果更具有同理心、更加沉浸化。